KB001914

실험실의 진화

실험실의 진화

1판 1쇄 인쇄 2020. 11. 11.
1판 1쇄 발행 2020. 11. 19.

지은이 홍성욱, 박한나

발행인 고세규
편집 이승환 디자인 정윤수 마케팅 신일희 홍보 박은경
발행처 김영사

등록 1979년 5월 17일 (제406-2003-036호)
주소 경기도 파주시 문발로 197(문발동) 우편번호 10881
전화 마케팅부 031)955-3100, 편집부 031)955-3200 팩스 031)955-3111

값은 뒤표지에 있습니다.
ISBN 978-89-349-9261-5 03400

홈페이지 www.gimmyoung.com 블로그 blog.naver.com/gybook
페이스북 facebook.com/gybooks 이메일 bestbook@gimmyoung.com

좋은 독자가 좋은 책을 만듭니다.
김영사는 독자 여러분의 의견에 항상 귀 기울이고 있습니다.

이 도서의 국립중앙도서관 출판예정도서목록(CIP)은 서지정보유통지원시스템 홈페이지(http://seoji.nl.go.kr)와 국가자료공동목록시스템(http://www.nl.go.kr/kolisnet)에서 이용하실 수 있습니다.(CIP제어번호 : CIP2020044705)

from
Alchemy

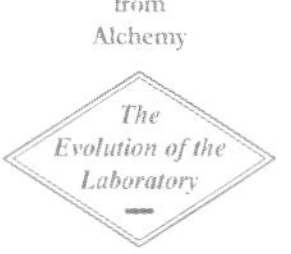

to
Living Lab

실험실의 진화

연금술에서 시민과학까지

홍성욱 지음 — 박한나 그림

실험실로 들어가기에 앞서

부엌은 은밀한 실험을 진행하기에 꼭 맞는 곳이었다. 부엌에는 아궁이와 환기용 굴뚝이 있고, 실험 기구들을 놓을 만한 선반도 여럿 있었다. 연금술사는 선반 위의 조리 도구들을 치우고, 어렵게 구한 유리 플라스크를 그 자리에 놓았다. 그는 경건한 마음으로 액체를 준비하고, 증류기를 화로에 얹고 서서히 풀무질을 시작했다. 불을 피우자 증류기 바닥에서 김이 오르면서 아래쪽 그릇으로 액체가 한두 방울씩 떨어졌다. 코를 대니 알코올 냄새가 훅 끼쳐왔다. 그는 누가 볼까봐 서둘러 창문을 닫고 커튼을 쳤다. 연금술사는 자기만의 이 작은 공간이 아늑하게 느껴졌다.

상상을 해보자면, 첫 실험실은 아마 이렇게 어느 이름 없는 연금술사의 부엌이었을 것이다. 시기는 14세기일 수도, 그 전일 수도 있다. 지역은 유럽이 아닌 아랍의 어느 도시였을 가능성이 높다. 16세기에 이런 연금술사의 공간은 '래버러토리laboratory', 즉 '실험실'이라는 이름을 얻었다. 근대 화학자들은 연금술을 강하게 비판하면서도 연금술에서 실험실이라는 공간과 그 이름을 화학에 들여왔다. 연금술과 연금술사들은 화학과 화학자들에게 실험실을 넘겨주고 역사 저편으로 사라졌다.

근대과학에서 실험실은 자연을 분석하는 장소이다. 실험실에 들어온 자연은 통제와 반복 조작이 가능한 대상으로 바뀐다. 실험실이라는 울타리 안에서 자연을 길들이는 과정은 야생동물을 울타리에 가두고 가축으로 만들던 과정과 흡사하다. 울타리에 갇힌 가축이 인간에게 노동과 음식을 제공하는 존재가 되었듯이, 실험실에서 자연은 있는 그대로의 것에서 인간을 위해 봉사하는 존재로 바뀌게 된다. 물론 모든 동물을 가축으로 만들 수 없었던 것처럼 모든 자연이 실험실로 들어온 것도 아니고, 들어온 자연이 다 순조롭게 길들지도 않았다. 근대과학은 실험실로 들어오기를 거부하는 자연을 끊임없이 그 안으로 끌어들이려고 애썼던 역사라고 해도 지나치지 않다.

실험실에서는 자연을 새로 만들어내기도 했다. 자연에서는 일어나지 않는 화학반응을 일으켜서 새로운 물질을 만들고, 원자를 쪼개고, 유전자를 갖다 붙여서 자연적으로는 존재하지 않는 식품과 생명체를 만들어낸다. 이런 과학의 실행들은 어디까지가 자연이고 어디부터가 인공인가를 가르는 경계를 끊임없이 재구성한다. 이 새로운 자연들을 윤리적으로 수용할 수 있는지는 이것들의 안전성에 대한 과학적 평가에 의존할 수밖에 없는데, 이런 평가를 하는 곳도 결국 또 다른 실험실이다. 실험실은 혜택을 낳았지만 그 혜택에 따르는 위험도 낳았고, 이런 위험을 이해하고 통제하는 지식과 실행을 위한 또 다른 실험실을 낳고 있다.

실험실을 직접 보거나 방문하는 사람은 매우 적다. 그렇지만 우리의 일상은 실험실에서 만든 존재들 없이는 유지될 수 없다. 2020년, 현대 문명을 마비시킨 코로나바이러스와 부족하나마 싸울 수 있는 것도 PCR 검사와 항체 검사를 가능케 한 진단키트, 마스크 필터, GPS 같은 실험실에서 만들어진 인공물 덕분이다. 그 밖에도 매일의 삶을 가능케 하는 전기, 반도체, 휴대폰, 컴퓨터, 유전자변형 식품, 원자력발전, 합성섬유, 기능성 운동복에서부터 스마트카, 영양소가 풍부한 식품들, 거의 모든 치료제와 약품들, 항생제, 줄기세포, 인공장기까지 모두가 실험실에서 태어난 존재들이다.

과학기술 연구의 8할은 실험이고, 실험의 8할은 실험실에서 이루어진다. 실험실은 화학, 물리학, 생물학, 지구과학 연구에 필수적이다. 공학 연구와 기업의 개발 연구도 대부분 실험실에서 진행된다. 의학, 농학, 수의학, 약학, 간호학, 보건학 연구도 실험실에서 이루어지며 신경과학과 심리학, 고고학과 인류학, 인지과학도 실험실을 사용한다. 실험실은 경제학 같은 사회과학, 심지어 철학이나 역사학 같은 인문학으로도 그 영역을 넓히고 있다. 그런데도 우리는 실험실이 무엇을 하는 곳인지 잘 알지 못한다. 우리가 배우는 과학 지식은 대개 이론에 관한 것이기 때문이다.

이 책은 이런 틈새를 메꾸기 위해 기획되었다. 실험실의 진화를 다루는 이 책에서 우리는 연금술에서 시작된 실험실이 어떤 과정을 거쳐서 거의 모든 과학기술 분야로 뻗어 나갔는지, 그 진화의 동력과 힘의 근원은 무엇이었는지, 실험실의 강점은 물론 약점이나 한계까지 살펴볼 것이다. 우리의 논의는 연금술에서 시작해서 과학자와 시민이 협력해 삶의 문제를 해결하는 최근 시민과학의 '리빙랩Living Lab'에서 끝나지만, 독자들은 이런 논의를 바탕으로 미래의 실험실에 대한 상상의 나래를 펼쳐봐도 좋을 것이다.

차례

1부

실험실의 시작

from
Alchemy

*The
Evolution of the
Laboratory*

to
Living Lab

1장

연금술에서 화학으로

과학의 역사에서 누가 처음이었는지를 찾아내는 일은 늘 간단치 않다. 원자론은 누가 처음 만들었을까? 진화론은 누가 처음 제창했을까? 중력이라는 개념을 처음 만든 사람은 누구인가? 쉬워 보이는 이런 질문도 역사를 파고들수록 그 답이 뿌예진다.

유기화학자이며 소설가인 칼 제라시Carl Djerassi와 1981년에 노벨 화학상을 받은 화학자이며 시인인 로알드 호프만Roald Hoffmann은 '산소를 처음 발견한 사람은 누구인가'라는 논쟁을 소재로 희곡 《산소Oxygen》를 썼다. 18세기에 활약한 화학자들인 프랑스의 라부아지에Antoine Lavoisier와 영국의 프리스틀리Joseph Priestley, 스웨덴의 셸레Carl Scheele가 세 후보였는데, 제라시와 호프만은 한참 이 문제를 연구한 끝에 이 희곡에서 셋을 모두 산소의 발견자로 인정하기로 한다.[1]

과학의 역사에서 처음을 정하기가 어려운 이유는 과학의 오랜 진화 과정에서 개념, 이론, 도구들의 다양하고 서로 다른 요소들이 합쳐지고, 그중 어떤 것들은 다시 떨어져 나가면서 새로운 것이 만들어지기 때문이다. 생명체의 진화에서 특정한 종이 언제 처음 등장했는지를 알기 힘든 것과 비슷하다. 그래서 "과학적 발견은 순간이 아니라 과정이다"라는 말도 있다. 과학적 발견에 대한 이런 이해는 개념이나 이론만이 아니라 과학자가 사용하는 도구, 그리고 우리가 이 책에서 다룰 실험실에도 적용된다.

이 책은 실험실의 진화를 중심으로 실험실에 대한 역사적, 철학적, 사회학적 해석을 시도한다. 첫 실험실이 언제 만들어졌는지를 이해하기 위해서 '실험실'의 사전적 정의부터 살펴보자. 영어의 어원을 살펴볼 때 가장 널리 사용하는 옥스퍼드 영어사전에 따르면, 실험실은 원래 "연금술을 행하고 약을 준비하던 방이나 건물"을 뜻하다가, 나중에는 "과학의 연구, 교육, 분석을 위해 과학적 실험과 수행을 목적으로 한 설비를 갖춘 방이나 건물"을 의미하게 되었다.

초기 실험실이 화학이나 약학 분야에서 발전했다는 점에 주목할 필요가 있다. 지금은 화학이나 약학은 물론, 물리학, 생물학, 지구과학, 생명공학, 재료공학, 전자공학, 항공공학, 지구과학 등 거의 모든 과학과 공학 분야에서 실험실을 이용한다. 그렇지만 그 시작은 화학과 약학, 그중에서도 특히 화학이었다. 1765년 마지막 권이 출간된 《백과전서》는 실험실을 화학 특유의 공간으로 적시하며 "화로, 용기, 기구 등을 (…) 갖추어 화학적 조작을 손쉽게 수행할 수 있는 방이나 작업장"으로 소개한다. 1768년 12월에 나오기 시작하여 1771년에 총 3권으로 출간된 브리태니커 백과사전 또한 실험실을 "화학자의 작업실 혹은 화학자들이 화학적 조작을 수행하는 장소"라고 설명하고 있다. 주로 화학에 국한됐던 실험실이 물리학이나 생물학 같은 다른 분야로 뻗어나간 과정은 이 책의 뒷부분에서 자세히 다룰 것이다.

♦

그렇다면 역사적으로 첫 실험실은 언제, 누가 만들었을까? 앞에서도 말했지만 첫 실험실이 만들어진 순간을 알기는 어렵다. 다만 이 문제에 대해서도 옥스퍼드 영어사전에서 한 가지 힌트를 얻을 수 있는데, 사전에 따르면 영어에서 실험실이라는 단어를 처음 사용한 사람은 16세기 신비주의 철학자 존 디John Dee이다. 16세기 말인 1592년에 출간된 그의 자서전에는 "화약을 연구하는 나의 세 실험실laboratories"이라는 표현이 있다. 영어에서 존 디보다 먼저 실험실이라는 단어를 사용한 사람은 아직 발견되지 않은 것 같다. 확실한 것은 존 디가 사용한 이후 실험실을 뜻하는 영어 단어가 갈수록 널리 쓰였다는 사실이다.

위의 용례로 볼 때 존 디가 실험실을 가졌던 것은 분명하다. 그렇다면 존 디의 실험실이 첫 실험실이었을까? 그렇다고 대답하기는 어렵다. 실험실을 뜻하는 영어 단어 래버러토리laboratory의 라틴어 어원은 노동labor을 의미하는 라틴어 라보라레laborare에서 유래한 라보라토리움laboratorium인데, 이 단어는 16세기는 물론 그 이전 시기에도 심심찮게 등장하기 때문이다. 중세에는 '라보라토리움'을 신의 작업장, 자연의 작업장이라는 뜻으로 사용했으며, 15세기에는 수도원에서 수도사들이 일하는 공간이라는 의미로 쓰기 시작했다. 그러다가 대략 16세기부터 연금술사들의 작업장을 뜻하는 단어로 사용하기 시작한다. 존 디 이전에도 이미 사람들은 연금술사들의 작업장을 래버러토리의 어원인 라보라토리움이라 불렀던 것이다.[2]

연금술을 의미하는 단어 알케미alchemy는 아랍어에서 유래했다. 'al'은 영어의 정관사 'the'에 해당하며, 'chemy'는 그리스어 키미야khēmia에서 왔는데, 금속을 변환하는 기술을 뜻했다. 고대 그리스에서 발전했던 여러 과학은 로마에서는 정체하거나 쇠퇴했고, 대부분 아랍 지역으로 넘어가서 꽃을 피웠다. 연금술도 헬레니즘 시기의 이집트에서 시작해서 아랍으로 넘어간 뒤에 정교하게 발전했다. 연금술사들은 값싼 금속을 금이나 은처럼 값비싼 금속으로 변환하려고 했다. 이들이 평생에 걸쳐 얻으려고 노력한 것이 바로 이런 변환을 가능케 하는 신비로운 물질 '철학자의 돌'이었다. 이들은 또 질병을 치료하는 약, 불로장생하는 물질, 모든 것을 녹이는 용매를 찾아내려고 했고, 우주와 몸을 조화롭게 연결하려고 했다. 연금술은 이렇게 화학은 물론 약제학과도 관련이 깊었으며, 자연에서 얻은 불순물이 많은 금속을 순수한 금속으로 바꾸는 야금학이나 금속학 작업과도 밀접한 관계가 있었다.

과거에는 연금술을 사이비 과학이라고 치부하여 과학자는 물론 역사학자들도 관심을 두지 않았다. 그렇지만 지난 수십 년 사이 '과거의 과학을 현재의 관점에서 보지 말고 그 시대의 관점에서 보자'는 방법론이 과학사의 주류가 되면서 그런 편견은 많이 사라졌다. 이런 방법론으로 보면 연금술은 금속과 산酸을 비롯한 여러 화학물질을 혼합, 증류, 분석하는 훌륭한 과학이다. 연금술의 기구나 실험 방법도 근대 화학으로 고스란히 이어졌다. 또한 연금술을 마술과 같은 것으로 여겨 비판하는 담론은 18세기에 만들어진 것임을 역사학자들이 밝히기도 했다. 이런 새로운 해석으로 연금술의 위상은 높아졌다.

물론 값싼 금속으로 금이나 은을 만들려고 하거나, 이를 가능케 하는 '철학자의 돌'을 찾았던 연금술사들은 당시 청렴한 생활을 강조한 가톨릭 교단에서 보면 도덕적으로 타락한 존재였다. 가톨릭 교단은 연금술로는 부자는커녕 비렁뱅이나 되기 십상이라고 비판했다. 헛된 믿음을 좇아 시간과 돈을 낭비하기 때문이다. 반면에 가톨릭에 반기를 들면서 종교개혁을 주창한 마르틴 루터는 연금술이 금속학, 약제학 등의 발전에 힘을 보태 사회에 도움이 된다고 말할 정도로 연금술에 우호적이었다.

◆

14세기 말에 쓰인 제프리 초서Geoffrey Chaucer의 소설 〈성당 참사회

한스 바이디츠
〈연금술사〉

피터르 브뤼헐
〈연금술사〉

원 종자의 이야기The Canon's Yeoman's Tale〉에는 두 명의 연금술사가 나오는데, 둘 모두 존경받을 만한 인물과는 거리가 멀다. 한 연금술사는 '철학자의 돌'을 찾다가 끝내 실패한 뒤 창피해하면서 도망치고, 또 다른 연금술사는 사람들을 등쳐먹고 살아간다. 연금술이 이 시기부터 이미 비판의 대상이었음을 알 수 있다.

16, 17세기 미술작품 가운데 연금술사들의 작업장을 다룬 그림이 여러 점 남아 있는데, 이 작품들에는 몇 가지 공통점이 있다. 한스 바이디츠Hans Weiditz의 목판 삽화 〈연금술사〉(1520년경)에는 연금술사 둘이 땀 흘리며 작업하는 모습이 새겨져 있다. 그런데 작품에 묘사된 작업장을 보면 전혀 정돈되어 있지 않다. 화로, 증류기, 망치, 집게, 펜치, 풀무 같은 도구가 산만하게 널브러져 있다. 또 연금술사들의 표정에 학문적으로 고뇌하는 기색은 보이지 않는다. 이들은 정교한 실험을 하는 화학자라기보다는 마을의 대장장이에 더 가까워 보인다.

연금술사의 너저분한 작업장

16세기 이름난 화가인 피터르 브뤼헐Pieter Bruegel the Elder의 동판화 〈연금술사〉(1558년경)에는 여러 연금술사가 작업하는 작업장의 모습이 묘사되어 있다. 이곳에서 연금술사들은 실험을 하고 책을 읽는다. 그림 중앙에는 연금술사의 부인으로 보이는 여인이 빈 지갑을 탈탈 털고 있고, 상단에는 아이들이 자기들끼리 다락방에서 놀고 있다. 창밖으로는 거지가 된 연금술사와 그 가족들이 구빈원에 들어가는 모습도 보인다. 17세기 화가 얀 스테인Jan Steen이 그린 〈마을의 연금술사〉(1660년대 초)에도 무엇인가에 몰두하고 있는 연금술사 뒤로 아이에게 젖을 물리면서 울고 있는 여인이 그려져 있다. 이런 소설과 미술 작품들은 연금술이 도덕적으로 타락한 것이며 돈만 날리기가 십상이라는 당시 교단의 메시지를 전하고 있다.

얀 스테인
〈마을의 연금술

연금술사와 그 부인

♦

종교인만 연금술을 비판했던 것은 아니다. 16세기 말부터 등장한 화학자들은 자신들을 연금술사와 구별하면서 연금술을 강하게 비판했다. 연금술사에서 근대 화학자로 넘어가는 과정을 저술로 잘 묘사한 안드레아스 리바비우스Andreas Libavius는 연금술사들의 작업장이 어두컴컴한 점을 비판했다.[3] 특히 덴마크 천문학자 튀코 브라헤Tycho Brahe의 연금술 실험실이 브라헤의 거대한 관측소 '우라니보르크Uranienborg(하늘의 성)' 지하에 만들어졌다는 사실을 지적하며, 이

PROBA

는 연금술이 지하 세상의 어두운 비밀을 몰래 탐구하는 활동임을 보여준다고 주장했다. 리바비우스는 연금술과 대비해 화학을 연구하는 가상의 '화학의 집Chemical House' 설계도를 공개했는데, 화학의 집은 사람들이 많이 왕래하는 도심에 지어졌고, 건물에 난 커다란 창들로 들어온 빛이 내부를 환하게 밝혀주는 구조였다. 리바비우스의 '화학의 집' 모습이 공개되면서, 어둠의 과학인 연금술과 달리 화학은 빛의 과학이라는 인식이 퍼졌다.[4]

화학의 집 평면

우리가 주목할 것은 그가 설계한 '화학의 집' 내부 구조이다. 이 집에는 실험을 준비하는 방이 많다. 화학물질, 기구, 나무, 와인, 풀을 저장하는 공간들이 따로 있었고, 집주인인 화학자가 혼자 실험에 몰두하는 공간도 있었다. 가장 중심이 된 커다란 실험실에는 증류기, 침전기, 욕조, 저울, 다양한 용도에 맞는 화로가 여러 개 설치되어 있었다. 화로는 모닥불 같은 보통 불로는 얻어내기 힘든 고열을 만드는 장치였다. 당시 연금술사, 화학자, 약제사, 야금학자의 실험실이나 작업장에는 모두 불이 활활 타는 화로가 있었다. 이들은 화로에 난 구멍을 열거나 닫아 불의 온도를 조절했다. 연료로는 보통 석탄을 사용했다. 오랜 시간 불의 온도를 일정하게 유지해주는 '피거 헨리쿠스Piger Henricus'라는 이름의 원통 모양 화로는 작업장의 필수품이었다. 고온을 얻기 위해 풀무

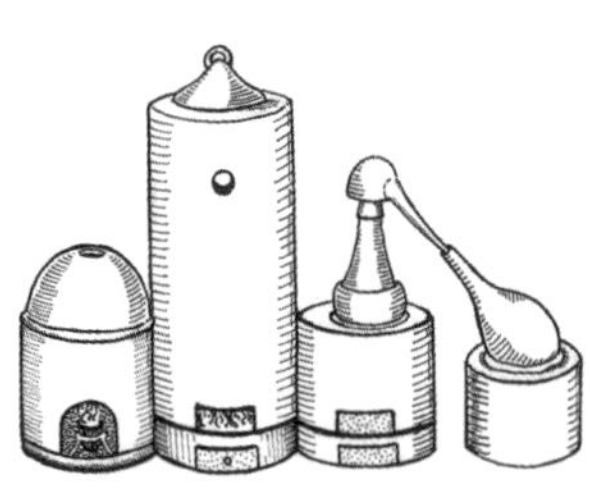

'느린 헨리'라는 뜻의 피거 헨리쿠스는 당시 실험실의 필수품이었다.

를 사용했고, 불의 온도를 더 높이기 위해서 화로 바닥에 모래나 철광석을 깔기도 했다. 물질의 성질을 알기 위해서는 물질을 가열해야 했고, 두 물질을 반응시킬 때도 열을 가해야 했으며, 혼합물을 분리할 때도 가열해서 증류해야 했다. 화로는 자연에서 발견되는 지저분한 혼합물들을 분리하고 분석하며, 이런 혼합물을 만들어내기도 하는 핵심 도구였다. 어떤 의미에서 화로는 예전에 지구가 매우 뜨거웠을 때 진행되었던 격한 반응들을 실험실에서 작은 규모로, 인위적으로 재현하는 도구였다.

제련을 위한 화로로 충분했던 광물학자나 야금학자와 달리 연금술사, 화학자, 약제사들은 화로 이외에 다른 기구도 필요했다. 이들의 실험실에 꼭 필요한 기구 중 하나가 증류기alembic였다. 이 단어 역시 '알케미'처럼 아랍어에 기원을 두고 있다. 증류기에 담은 물을 가열해서 나오는 수증기를 받아 다시 식히면 불순물이 없는 증류수가 된다. 그리스의 선원들이 바닷물을 증류해서 식수를 만들었다는 기록이 있을 정도로 증류기는 오래된 기구다. 이 기구를 아랍 연금술사들이 정교하게 발전시켰고, 이를 이용해서 최초로 알코올을 증류하기도 했다. 당시 이슬람 왕국은 술을 금지했기 때문에, 알코올 증류법은 훗날 유럽에 들어와 위스키 제조에 응용되었다. 이렇게 실용적인 데에도 쓰였던 증류기는 증류하는 물질을 담아 끓이는 통, 증류된 물질

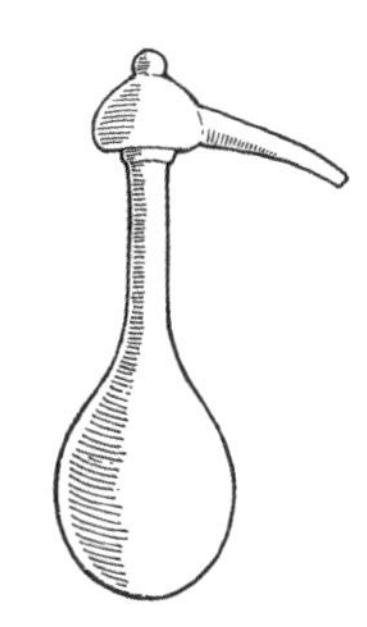

증류기를 뜻하는 영어 단어의 어원도 아랍어이다.

을 받아 식혀서 떨어뜨리는 뚜껑, 그리고 이를 담는 증류통 등으로 구성되었는데 재료는 보통 유리나 구리를 썼다. 증류기는 당시 실험실에서 사용하던 가장 정교하고 값비싼 기구였다.[5]

한스 프레데만 〈연금술사의 실험실〉

연금술이 탐욕스럽고 비밀스러운 활동이라는 종교인과 화학자들의 비판을 연금술사들이라고 듣고만 있지는 않았다. 연금술사들은 자신들의 일이 탐욕스럽고 헛되다는 주장에 맞서기 위해서 연금술의 종교적 의미를 강조했다. 하인리히 쿤라트Heinrich Khunrath의 《영원한 지혜의 원형극장Amphitheatrum sapientiae aeternae》(1595)이라는 책을 보면 한스 프레데만Hans Vredeman de Vries의 판화 〈연금술사의 실험실〉이 나오는데, 오른편에는 조금 그늘진 실험실이, 왼편에는 밝은 기도실이 그려져 있다. 연금술사는 기도실 앞에서 무릎을 꿇고 기도하고 있다. 연금술이 종교의 신성함이나 경건함과 조화를 이룰 수 있다는 메시지인 것이다. 그림 중앙의 테이블을 중심으로 실험실과 기도실은 대칭을 이루고 있다. 테이블 위에는 악기와 천칭 등이 있는데, 모두 조화와 균형을 강조하면서 실험과 기도를 연결해준다. 흥미로운 것은 연금술 실험실이 상대적으로 어둡게 그려져 있는 데 반해 피거 헨리쿠스 화로와 증류기는 그림의 오른편 앞쪽에 또렷하게 그려져 있다는 점이다.

그 밖에도 그림 여기저기에 '우리 연금술사들은 불경한 사람이 아니다'라는 의미의 글들이 적혀 있다. 그림 중앙 상단에는 "신성한 영감 없이는 위대한 사람이 있을 수 없다"는 키케로의 글이, 기도실 천막에는 "신의 뜻 안에서 인간은 행복하다"는 말과 "우리가 진지

SINE AFFLATV DIVINO, NEMO VNQVAM VIR MAGNVS
ORATORIVM
HOC HOC AGENTIBVS
NOBIS ADERIT IPSE DEVS.
K H V N R
LABORATORIVM
SAPIENTER RETENTATVM
NE LOQVARIS DE DEO ABSQ. LVMINE
EXPERIENTIA
FESTINA LENTE

하게 우리 일에 임할 때, 신도 우리를 돕는다"는 구절, 그리고 "빛이 없으면 신에 대해 말하지 말라"는 경구가 적혀 있다. 실험실 입구 화로 위쪽에도 "현명하게 계속 노력하면 언젠가는 성공한다"는 겸손한 훈령이 적혀 있다. 이렇게 연금술사들은 자신들의 실험이 종교와 상충하지 않는다는 것을 강조했다.[6]

17세기 초 화학자들 가운데는 연금술과 차별성을 강조하면서도 연속성을 언급한 사람들이 있었다. 독일의 화학자 베허Johann Joachim Becher는 세상에는 식물, 동물, 광물 등 세 영역이 있다면서, 화학은 이 세 영역을 다 다루지만 연금술은 오직 광물 하나만 다룬다고 그 차이를 설명했다. "신은 생성과 부패의 화학적 원리로 세상을 만들었고, 따라서 세상의 모든 것은 생성과 부패의 원리에 따라서 변한다. 그렇지만 이런 변화 속에서도 세 영역을 관통하면서 자연을 살아 있게 만드는 것은 신에게서 나오는 보편적인 정기universal spirit이다." 화학자는 이런 정기를 얻어내는 사람들이라는 것이다.

화학자는 신이 하는 작업을 어떻게 흉내낼 수 있을까? 베허는 신이 세상을 만들 때 빛(불)으로 밤과 낮을 나눈 것에서 알 수 있듯이, 자연에서 가장 중요한 것은 불이라고 강조했다. 화산 폭발은 신이 세상을 만들 때 썼던 불이 여전히 지구에 남아 있다는 증거이고, 화학자의 화로는 바로 이 자연의 불을 모방하는 장치라는 것이다. 여기서 베허는 매우 흥미로운 이야기를 한다. 만약 자연을 신이 관장하는 '지하의 실험실'이라고 본다면, 화학자의 실험실은 이를 모방한 '지상의 실험실'이라고 할 수 있다. 조금 불경스럽게 들릴 수도 있

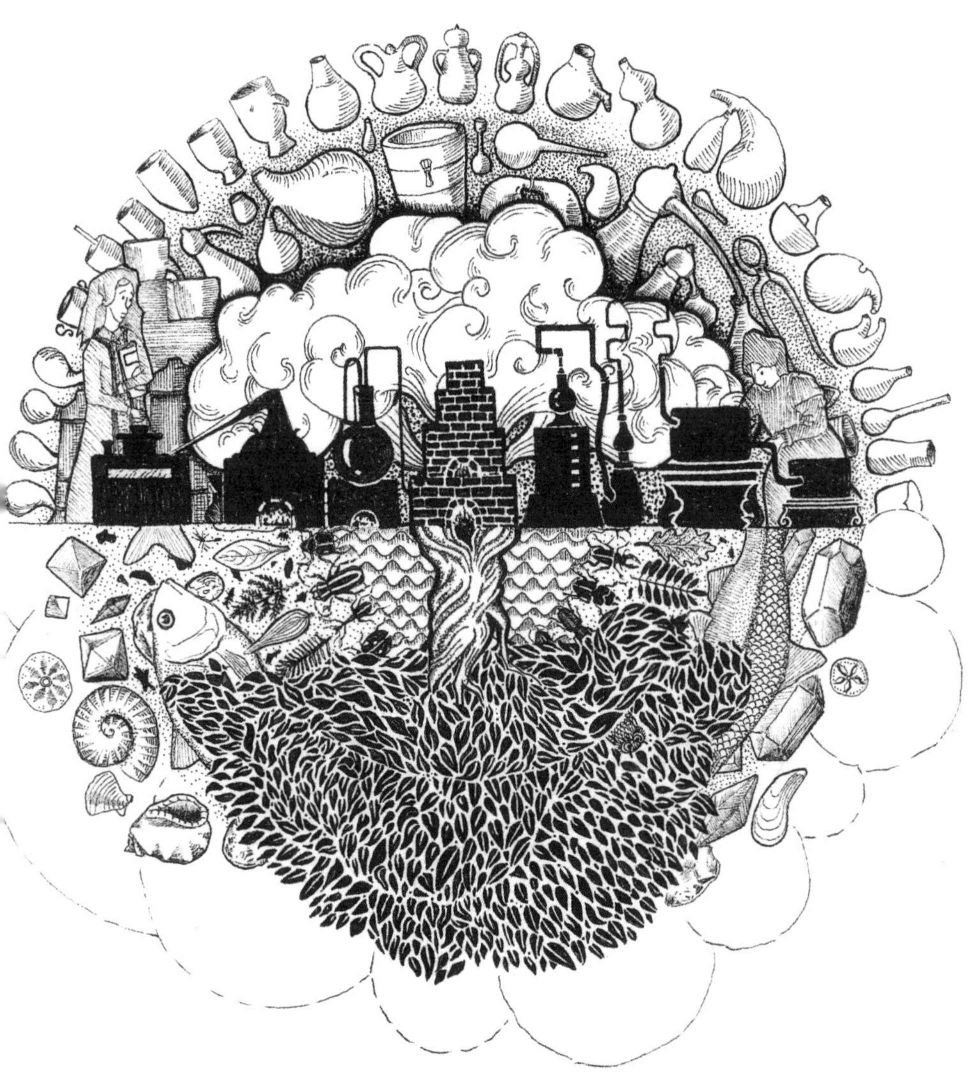

지만, 화학자는 실험실에서 신의 창조 과정, 그리고 그 이후에 존재했던 자연의 변화 과정을 모방해서 재현하는 사람이 되는 것이다.[7]

♦

지금까지 보았듯이, 연금술사나 화학자들의 초기 실험실에는 철학적으로 흥미로운 논점들이 있다. 이들은 실험실을 자연을 모방하는 장소로 여겼지만, 실험실에서 쓰는 화로나 증류기는 자연에서는 찾아볼 수 없는 것이었다. 그래서 이들은 화로나 증류기를 우리가 쉽게 볼 수 없는 자연을 모방한 것이라고 주장했다. 즉 화로의 화력을 사용해서 물질을 섞거나 증류기를 이용해서 증류하는 과정은 예전에 신이 세상을 창조할 때 했던 일, 그리고 지금 지구의 뜨거운 땅속에서 일어나는 변화를 모방하는 과정이라고 해석한 것이다. 화학자의 작업은 자연에서 쉽게 찾을 수 없지만 자연적인 과정이 되었다. 그들이 말하는 자연은 지금 우리가 보는 자연보다 더 원초적인 자연이겠지만 말이다.

초기의 실험실에 화로와 증류기가 있었다는 것은 중요한 의미가 있다. 실험실이라는 공간이 우리 눈에 잘 보이지 않는, 우리에게 잘 발견되지 않는 자연을 이런 기구로 작동시켜 재현하는 특별한 장소였다는 점을 보여주기 때문이다. 이렇게 15~17세기 유럽의 연금술, 화학, 약제학 분야에서 탄생한 실험실은 다른 과학 분야로 그 영역을 넓혀가기 시작한다.

2장

프랜시스 베이컨과 실험의 등장

프랜시스 베이컨은 과거의 잘못된 과학을 비판하고 그 비판 위에 새로운 과학을 정립하려고 했던 근대 초기 영국의 경험주의 철학자이다. 정치인을 많이 배출한 집안에서 1561년에 태어난 베이컨은 케임브리지 대학교 트리니티 칼리지에서 공부한 뒤에 법률가와 정치가로 경력을 쌓았다. 어릴 때부터 똑똑해서 15세에 프랑스 주재 영국 대사의 수행원이 되었고, 21세에 변호사 자격을 얻어 2년 뒤에는 지방의회 의원에 당선되기도 했다. 제임스 1세 시기에는 지금으로 치면 법무차관과 법무장관을 거쳐서, 1618년에는 최고 관직인 대법관의 자리에 올랐고, 남작과 자작의 작위까지 받았다. 관료로서 가장 높은 성공을 맛본 셈이다. 그렇지만 정치적인 음모에 휘말려 1621년에 뇌물 수수 혐의로 관복을 벗었고, 이후 시골에서 철학적 저술과 과학 실험에 몰두하던 중 병을 얻어 1626년에 사망했다.

베이컨이 근대과학의 정신을 대표할 만한 인물로 꼽히는 이유는 그가 '실험'이라는 새로운 과학 방법론을 강조했으며, 이 방법론이 정착되는 데 매우 중요한 역할을 했기 때문이다. 그가 주장한 과학 방법론의 정수를 담고 있는 저작이 바로 《신기관Novum Organum》(1620)이다. 여기서 사용된 '기관'이라는 단어는 아리스토텔레스가 논리학을 학문의 '기관'에 비유한 용례를 따른 것이다. 다만 베이컨은 학문을 하는 '새로운 기관', 즉 아리스토텔레스의 논리학과는 다른 새로운 방법론을 제창하려는 의도가 있었다. 《신기관》 제1권은 당시 지식을 생산하던 기술자, 수학자, 연금술사, 마술사, 논리학자들의 활동이 지닌 오류와 문제점을 종족의 우상, 동굴의 우상, 시장의 우상, 극장의 우상으로 분류하고 이를 하나하나 논박하며 그 대안으로 '참된 귀납법'을 제안한다. 《신기관》을 관통하는 핵심 메시지 중 하나는 이런 오류와 문제점을 극복하면서 참된 지식을 얻는 방법이 바로 실험이라는 것이다.

베이컨은 과학 실험의 핵심이 '대상의 본질이 무엇인가'라는 정적 원리를 사변적으로 생각하는 것이 아니라, '대상이 무엇에 의해 일어나고 있는가'라는 동적 원리를 탐구하는 것이라고 보았다. 베이컨 이전에는 실험은 자연을 교란하므로 진정한 과학의 방법이 될 수 없다고 보았다. 이와 반대로 베이컨은 "사람의 본심이나 지적 능력, 품은 감정 등이 평상시보다는 교란되었을 때 훨씬 더 잘 드러나듯이 자연의 비밀도 스스로 진행되도록 방임했을 때보다 인간이 기술로 조작을 가했을 때 정체를 훨씬 더 잘 드러낸다"며 자연에 대한

조작을 정당화했다.[1]

♦

자연을 조작해서 인간이 얻는 것은 무엇일까? 베이컨은 1603년에 〈시간의 남성적 탄생Masculus Partus Temporum〉이라는 제목의 에세이를 썼는데, 부제가 '우주에 대한 인간 힘의 위대한 복원'이었다. 이 글에서 베이컨은 새로운 철학이 자연과 그 모든 자식을 인간을 위해 봉사하게 하고, 인간의 노예가 되게 할 것이라고 선언했다. 그리고 성경이 이런 철학을 정당화하고 지지한다고 주장했다. 성경을 몰랐던 플라톤과 아리스토텔레스 같은 철학자들을 입만 살았던 사람이라고 비판하기도 했으며, 자연에 대한 이해와 통제가 모두 인간의 복지를 위한 활동이라고 믿었다. 베이컨에게 '아는 것과 힘은 하나이자 같은 것'이었다.[2]

인간의 복지를 위해 자연을 이용하려면 어떻게 탐구해야 할까? 《신기관》 제2권은 참된 귀납법을 사용해서 자연을 탐구하는 구체적인 사례를 보여준다. 베이컨은 열을 탐구하는 방법을 예로 들면서, 열의 본성을 알기 위해서는 세 가지 '발견표Table of Discovery'를 작성하라고 가르친다. 첫 번째 발견표는 열을 포함하는, 즉 뜨거운 모든 존재를 발견해서 나열하는 '존재의 표'이며, 두 번째 발견표는 열을 포함하는 것 같지만 열이 결여된, 즉 뜨거운 것처럼 보이지만 사실은 차가운 존재들을 발견해서 이를 열거하는 '부재의 표'이다. 마지막 표는 열을 각각 다른 정도로 포함한 물질들을 비교하는 '비교표'이다.

베이컨은 이 세 가지 표를 이용해서 현상의 본질을 발견하는 과정을 다음과 같이 보여준다. 우선 불, 태양, 더운물, 동물의 더운 똥 등 열을 내는 사례들에서 공통으로 발견할 수 있는 어떤 본성이 있는지 살펴보고, 얼음이나 반딧불, 동물의 차가운 똥같이 열이 부재하는 사례에서 발견되지 않는 본성이 있는지 살펴본 뒤에, 마지막으로 본성이 증가하는 데도 감소하고 있거나, 그 반대 성향을 보이는 것이 있는지를 살펴보는 것이다. 베이컨은 이런 과정을 통해서 "열의 본성은 물질을 구성하는 입자들이 보이는 운동"이라고 결론지었다. "열은 뜨거운 물체의 속성이다"라는 아리스토텔레스식 설명이 널리 받아들여지고 있던 당시 상황을 고려하면, 베이컨의 해석은 경이로울 만큼 새롭고 근대적이었다.

이 외에도 베이컨은 여러 실험을 수행했다. 그는 실험을 통해서 과거의 지식을 검증하는 데 특히 흥미를 느꼈다. '지구 속에 있는 동굴에서 공기는 물로 변한다'라는 고대 기록을 확인하기 위해 베이컨은 돼지 방광에 공기를 채우고 이를 차가운 눈 속에 넣어두었다. 나중에 이것이 쪼그라드는 것을 발견하고는 이를 공기가 응축되어 물로 변해서 부피가 줄어들었다고 해석하면서, 이것이 고대인이 기록했던 현상과 동일한 것이라고 주장했다. 물에 직접 닿지 않아도 물을 빨아들이는 나무가 있다는 기록도 실험을 통해 확인하고, 그 원인을 증발한 물이 공기가 되고 이 공기가 나무에서 다시 응축되기 때문이라고 설명했다.

♦

그렇지만 베이컨은 과학자라기보다 철학자였다. 베이컨의 가장 중요한 업적은 실험을, 즉 자연에 개입해서 자연을 교란하는 인간의 실천을 자연에 대한 참된 지식을 얻는 방법이라고 철학적으로 정당화한 점이다. 사자를 제대로 이해하기 위해서는 잠자는 사자를 관찰만 해서는 안 되고, 사자의 꼬리를 비틀어서 사자를 깨워야 한다는 식이다. 반면에 당시 권위 있던 아리스토텔레스의 철학에서는 자연의 모든 존재는 자연적인 운행을 하므로 인간이 개입하는 실험은 자연을 망친다고 보았다. 지금은 실험을 통한 자연 연구를 너무나 당연하게 받아들이지만 당시에는 그렇지 않았다. 그렇다면 참된 지식을 얻기 위해서 자연에 개입하는 실험을 해야 한다는 생각을 베이컨은 대체 어떻게 얻어냈을까?

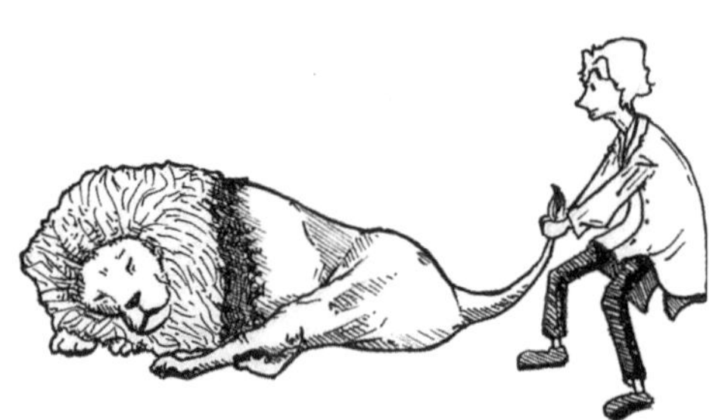
실험은 꼬리를 비틀어 잠자는 사자(자연)를 깨우는 것

베이컨의 저작을 자세히 살펴보면 자연을 이루는 여러 구성 요소 중 특정한 요소의 운동이 다른 것의 운동을 가로막고 있기 때문에, 이를 실험을 통해 제거함으로써 자연의 본래 운행을 드러낼 수 있다고 언급한 구절이 있다. 즉 실험은 인공적인 상태를 만드는 게 아니라, 막고 있던 다른 요소를 치워줌으로써 자연 본래의 모습을 드러내는 작업이라는 것이다. 그는 실험이 자연을 망친다는 주장도 이런 논리로 반박했다. 그에게 실험은 자연을 망치는 것이 아니라 자연이 자연적으로 운행하는 원래의 모습을 드러내는 실천이었다.

베이컨을 연구한 한 학자는 베이컨의 실험적 방법론을 '훌륭하고 덕이 높은 왕이 국가의 여러 영역에 잘 개입해서 국가를 통치하듯이, 좋은 과학자가 자연을 잘 관리하고 통치해야 한다는 원칙'이라고 해석하기도 한다. 베이컨은 제임스 1세에게 "자연 법칙과 정치 원칙 사이에는 상당한 친화성과 공통점이 존재한다"고 말하기도 했다. 베이컨의 '존재의 표', '부재의 표'가 법정에서 제시되는 긍정적인 증거, 부정적인 증거와 비슷하다는 생각도 해볼 수 있다. 무엇보다 베이컨은 거의 평생을 법관과 정치인으로 지냈던 사람이다. 이런 관점에서 보면 베이컨은 정치가로서 자신이 품었던 이상적인 정치철학을 어느 정도 과학에 투영했다고 할 수 있다. 자연에 대한 적극적 개입을 주장한 베이컨의 과학철학은, 정치를 통한 권력의 적극적인 사회 개입을 자연으로까지 확장한 것으로도 해석할 수 있는 것이다.[3]

♦

베이컨식 방법론을 받아들인다면 세상에는 연구할 것이 넘쳐난다. 소리, 전기, 자석, 빛, 온갖 생명체들, 바위, 불, 무지개, 태풍, 비, 번개, 천둥, 구름, 금속, 광물, 화산 등등 모든 것이 연구 대상이다. 그러나 베이컨의 열 연구 예에서도 볼 수 있듯이, 한 사람이 평생을 바쳐 연구할 수 있는 절대적인 양은 당연히 한정적이다. 그렇다면 어떻게 해야 할까? 과학자들이 실험을 통해 자연에 조작을 가해서 새로운 지식을 얻어내려면 혼자 연구하기보다는 공동 연구를 해야 하며, 더 나아가서 국가와 사회가 이러한 과학 활동을 지원해야만 한다. 베이컨은 이런 필요성을 사후 출간된 저서《새로운 아틀란티스New Atlantis》(1626)에서 피력했다.[4]

《새로운 아틀란티스》는 중국을 향하던 영국 선원들이 바다에서 방향을 잃고 떠다니다가 '벤살렘'이라는 알려지지 않은 섬에 도착하면서 시작한다. 이 섬에는 독실하고 정숙한 기독교인들이 행복하고 물질적으로도 풍요로운 삶을 영위하고 있었다. 선원들은 곧 그 비밀을 푸는 열쇠가 벤살렘 왕국에 있는 '솔로몬의 집Solomon's House'임을 알게 된다. 이곳은 오래전에 벤살렘 왕국을 지배했던 현명한 군주 솔라모나가 건설했던 학술원이었다. 연구원은 영국 선원들에게 자신들이 인간에게 혜택을 주는 방식으로 사물을 바꾸고 있으며 "우리 학술원의 목적은 사물의 숨겨진 원인과 작용을 탐구하는 데 있고, 그럼으로써 인간 활동의 영역을 넓히고 인간의 목적에 맞게 사물을 변화시키려 한다"라고 설명한다.

'솔로몬의 집'은 사실 학술원이라기보다는 종합 연구소에 가까운 곳이다. 베이컨은 솔로몬의 집을 실험과학, 특히 협동 연구가 가능한 구조와 기능을 지닌 공간으로 그렸다. 이 연구소는 깊고 거대한 동굴, 봉분, 탑, 큰 호수 등을 이용해서 연구를 진행하고 있었고, 유성의 체계를 모방하고 그것의 운동을 보여주는 거대한 건물, 인공 샘과 분수, 온천, 과수원과 공원, 동물원, 연못, 곤충 서식지를 갖추고 있었다. 또 부대시설로는 양조장, 제과점, 부엌, 약국, 용광로, 색채 실험실, 광학과 음향학 실험실, 향기 실험실, 지질 연구소, 엔진 시설, 수학 연구실, 감각 연구소 등이 있었다. '솔로몬의 집' 중앙 건물에는 훌륭한 발견과 발명을 전시하는 방과 주요 선구자들의 기념상이 진열된 복도가 있었다. 뛰어난 연구로 과학기술을 발전시켜 사회 발전에 기여한 사람들을 기리는 기념물인데, 오늘날 과학 연구소나 한림원의 복도에 유명한 과학자들의 초상화나 흉상을 진열하는 전통이 여기에서 비롯되었다고 할 수 있다.

이 연구소의 연구원들은 다음과 같은 것들을 발견하고 발명했다. 조금만 먹어도 배가 차고 해갈되는 빵과 고기와 음료수, 튼튼해지고 힘이 솟는 식료품, 유럽에는 없는 기계를 써서 만든 종이, 유럽의 것보다 훨씬 더 성능이 좋은 대포, 유럽에서는 찾을 수 없는 옷감, 음식을 오랫동안 저장하는 냉장고, 멀리 떨어져 있는 사람들이 소통할 수 있는 통신기계, 바닷속에 잠수하는 배, 제철보다 일찍 꽃이 피고 열매를 맺게 하는 기술, 자연산 식물을 교배해서 종의 이점을 합치는 기술, 짐승과 새들을 해부해서 인간 육체의 비밀을 밝히는 연구, 동물의 크기를 조절하는 기술, 동물의 피부색을 변형하는 기술, 서로 다른 종을 교배해서 새로운 동물을 얻는 기술 등이었다. 영국인

들에게는 마법과 같은 기술이 이들에게는 실험의 결과로 얻은 일상이었던 것이다.

이 연구소의 가장 두드러진 점은 연구원들의 분업과 협동 연구이다. 연구원은 모두 36명이었는데, 위계적 분업 체제로 철저하게 역할을 구분했다. 우선 외국을 여행하면서 정보를 수집하는 '빛의 상인' 12명과 책에 나타난 실험을 수집하는 '수집가' 3명이 있었다. 여기에 미지의 실험을 수집하는 '신비로운 사람' 3명과 좋다고 생각되는 새로운 실험을 수행하는 '개척자'가 3명 더해졌다. '편찬가' 3명은 수집된 실험 내용을 일목요연한 표로 만드는 사람이며, '수혜자' 3명은 여기에서 실용적으로 응용할 부분을 찾아내는 사람들이다. 이렇게 취합한 실험지식을 기반으로 '등불' 3명이 새로운 실험을 연역하고, '사상 주입자' 3명이 실제로 그 실험을 수행한다. 마지막으로 '자연의 해석자' 3명이 이러한 실험적 발견에서 자연의 법칙을 끌어낸다. 이 분업 연구의 최상위층에 있는 '자연의 해석자" 3명은 벤살렘 왕국에서 사회적으로 가장 존경받는 인물들이다.

연구원 36명은 이렇게 정해진 분업 원칙에 따라 국가의 풍족한 지원을 받으며 체계적으로 협동 연구를 진행한다. 협력을 이야기했지만, 연구소의 구조는 수평적이라기보다 매우 위계적이다. 위계의 아래쪽에서 수집한 정보를 위계의 위쪽으로 전달해 점차 지식의 체계를 갖추고, 최종적으로는 자연법칙의 형태로 세상에 내보내는 식이다. 자세히 보면 이 위계는 관료 조직의 위계와 흡사하다. 오랫동안 관료 생활을 한 베이컨이 국가를 통치하는 효율적인 방식으로

여겼던 것이 연구소 운영에도 적용되었다고 볼 수 있다.[5]

《런던 왕립학
역사》의 권두

♦

실험에 대해 많은 이야기를 하고, 실험하는 공간 '솔로몬의 집'에 대해서도 여러 가지를 논의하지만, 베이컨은 '실험실'이라는 단어를 한 번도 쓰지 않았다. 1장에서 보았듯이, 존 디가 1592년에 실험실이라는 단어를 썼고, 이후 그 용례가 늘어난 걸 생각하면 조금 이해하기 어렵다. 한 가지 단서가 있긴 하다. 1594년에 베이컨이 엘리자베스 여왕에게 학술 연구에 필요한 네 가지 기관을 요청한 적이 있다. 그것은 도서관, 식물원과 동물원, 발명 박물관, '증류의 집still-house'이었는데, 특히 증류의 집에는 화로, 증류 장치, 다양한 기구와 그릇을 갖춰야 한다고 했다. 이런 실험 기구의 목록을 보면 베이컨이 여왕에게 요청한 증류의 집이 연금술사의 실험실과 비슷한 곳이라는 걸 짐작할 수 있다. 베이컨이 '실험실'이라는 말을 사용하지 않았던 것은 자신이 강하게 비판했던 연금술사들이 이미 그 단어를 널리 사용하고 있었기 때문이 아닐까?[6]

베이컨의 이상이었던 솔로몬의 집은 후대 학자들을 자극했고, 이들은 《새로운 아틀란티스》가 출간되고 한 세대가 지난 즈음인 1660년에 '왕립학회Royal Society'를 설립함으로써 그 이상을 현실로 바꾸었다. 1667년에 스프라트Thomas Sprat가 쓴 《런던 왕립학회의 역사The History of the Royal Society of London》의 권두삽화에는 베이컨이 대

도서관, 식물원과 동물원, 발명 박물관, 증류의 집

법관의 주머니를 들고 앉아 있는 모습이 있다. 또 실험과 관찰에 사용하는 기구들, 멀리 망원경을 가지고 천체를 관찰하는 천문학자의 모습도 그려져 있다. 왕립학회는 찰스 2세로부터 헌장Charter을 부여받고 '왕립' 기구가 되었으며, 과학자들은 새롭게 설립된 학회에 모여서 실험 결과를 발표하고 토론하며 지식을 쌓아갔다. 그렇지만 한계도 있었는데, 베이컨이 상상한 조직적인 협동 연구는 수행되지 않았고, 왕이나 정부의 연구비 지원도 없었다. 그래도 왕립학회가 설립된 뒤에 과학에 대한 후원은 조금씩 늘기 시작해 20세기에 들어서는 과학 연구에 대한 본격적인 후원이 생겨났다.

3장

뉴턴과 갈릴레오의 실험실

> 발목에는 날개가 달려 있고 손에는 뱀 두 마리로 만들어진 지팡이 카두세우스caduceus를 들고 자신의 투구를 두드리는 젊은이가 있다. 그에 맞서서 머리에는 모래시계를 이고 손에는 갈고리나 낫 같은 것을 들고 있으며, 이 무기를 써서 매우 두렵고 맹렬한 방식으로 '머큐리'의 다리를 잘라버린 노인이 날갯짓하면서 급히 날아왔다.

17세기에 살았던 한 연금술사는 자신의 공책에 이런 글을 적었다. 여기서 머큐리는 그리스 신화에 등장하는 신 헤르메스다. 머큐리는 수성을 의미하기도 하지만 연금술사들에게 매우 중요한 물질 가운데 하나였던 수은을 뜻하기도 한다. 카두세우스는 연금술사들이 성인이라고 생각했던 헤르메스 트리스메기스투스Hermes Trismegistus가 사용한 신비로운 지팡이다. 헤르메스 트리스메기스투스는 그리스 신화의 헤르메스와 이집트 신화의 토트Thot를 결합해서 만든 가상의 인물인데, 우리에게는 가상의 인물이지만 근대 초기에는 모세 이전 시기에 실존했던 성자로 간주했다. 머리에 모래시계를 쓰고 낫을 들고 덤볐다는 노인은 제우스의 아버지인 크로노스, 즉 새턴이다. 새턴은 토성이기도 하고, 연금술사가 많이 사용하던 납을 뜻하기도 한다. 크로노스는 시간을 관장하는 신이어서 모래시계를 머리에 이고 있었다.

토트와 헤르메스

이런 이야기를 기록한 연금술사는 누구일까? 바로 근대 물리학의 아버지인 아이작 뉴턴이다. 머큐리(수성)와 새턴(토성), 헤르메스와 크로노스, 수은과 납의 대결을 묘사한 이 글은 그가 14세기 프랑스의 전설적인 연금술사 니콜라 플라멜Nicholas Flamel의 저술을 읽으면서 메모한 것이다. 플라멜은 가난한 집안에서 태어나 오랫동안 연금술을 연구하다가 산티아고 순례길에서 현자를 만나서 '철학자의 돌'을 얻어내는 데 성공한 사람으로 알려져 있었다. 그는 철학자의 돌을 이용해 납으로 금을 만들어서 큰돈을 벌고, 이 돈을 기부해서 병원과 학교를 세워 가난한 사람을 도왔을 뿐만 아니라, 마침내 스스로 불멸의 존재가 되었다는 전설이 따라다니는 인물이다. 영화 〈해리 포터〉에는 헤르미온느가 플라멜의 책을 보면서 철학자의 돌에 대해 해리와 론에게 설명해주는 장면이 나온다. 플라멜은 연금술의 세계에서는 무척 유명해서 영화나 소설 같은 대중문화에 자주 등장한다.

뉴턴과 플라멜만큼 어울리지 않는 조합도 없을 것이다. 뉴턴은 물체의 세 가지 운동 법칙과 중력이론을 이용해서 태양계의 운행을 수학적으로 설명하고, 실험을 통해 빛과 색깔의 비밀을 밝힘으로써 과학혁명을 완성한 학자이다. 뉴턴은 인간이 이성을 사용해서 얻을 수 있는 가장 뛰어난 업적을 남겼다고 할 수 있는 사람으로, 지금도 과학자를 대상으로 설문조사를 하면 역대 과학자 가운데 가장 위대했다는 평가를 받는다. 반면에 플라멜은 평생 고행을 하다가 철학자의 돌을 얻었고, 금을 만들어서 부자가 됐고, 불멸을 얻었다는 전설 속 인물이다. 플라멜은 당시 연금술사들의 우상이었지만 이런 전설이 참일 리가 없다. 플라멜은 사이비 과학의 모든 속성을 한몸에 구현한 인물처럼 보인다.

그런데도 뉴턴은 플라멜을 열심히 공부하고, 그가 모호하게 이야기한 구절을 해석하려고 노력했다. 뉴턴은 연금술에 대해 약 100만 단어 정도로 쓴 공책을 남겼다. 두툼한 책에 대략 10만 단어가 들어가니, 그런 책 10권 분량이다. 게다가 자신이 교수로 재직하던 케임브리지 대학교의 숙소 근처에 실험실까지 만들어 연금술 실험에 몰두했다. 철학자의 돌을 얻으려고 했던 것일까? 금을 만들려고 했던 것일까? 아니면 불멸의 존재가 되고 싶었던 것일까?

♦

연금술사로서의 뉴턴은 많은 이들을 당혹스럽게 했다. 뉴턴의 전기를 쓴 후대 물리학자들은 아예 이 부분을 빼버리거나 뉴턴이 몰두했던 것은 연금술이 아니라 화학이라고 해석했다. 그렇지만 뉴턴의 공책에는 '카두세우스', '태양을 먹는 초록 사자' 같은 이야기가 계속 나온다. 초록 사자는 연금술사들에게 황산을 의미했다. 태양이나 뱀을 먹는 초록 사자는 황산을 이용해서 금속의 불순물을 제거함으로써 금을 만드는 과정, 즉 철학자의 돌을 얻는 과정을 상징한다. 실제로 뉴턴은 저급한 금속을 금으로 만드는 비법이 있다고 생각했고, 이를 찾기 위해 노력했다. 뉴턴이 우리가 배우는 화학 실험만 수행했던 게 아니라는 말이다. 뉴턴의 공책을 매입해 이를 몇 년 동안 훑어본 경제학자 케인스는 이런 이유에서 뉴턴이 이성의 시대를 연 첫 번째 인물이 아니라 마술의 시대를 산 마지막 인물이라는 논평을 남겼다.

1685년부터 1690년까지 뉴턴의 조수였던 험프리 뉴턴Humphrey Newton은 뉴턴이 봄가을이면 거의 매일 새벽 2시나 3시까지 잠을 자지 않고 실험실에서 실험에 몰두했다고 기록했다. 실험실 화로의 불은 꺼진 적 없이 매일 타올랐고, 뉴턴은 실험할 때 가장 정확하고 엄격했다는 기록도 남겼다. 뉴턴이 무엇을 탐구하는지는 알 수 없었지만, 험프리는 뉴턴의 고뇌와 노력을 볼 때 그가 인간의 기예나 역량이 도달하는 영역을 넘어서는 무언가를 목표로 했다고 짐작했다. 험프리의 기록은 매우 구체적인데, 예를 들면 뉴턴의 실험실에 게오르기우스 아그리콜라Georgius Agricola의 책《금속에 관해서De Re Metallica》가 있었다는 사실까지 기록할 정도였다.

뉴턴의 연금술에 대해서는 학자들 사이에 평가가 엇갈린다. 뉴턴이 남긴 연금술 노트를 처음으로 진지하게 분석했던 학자들은 연금술이 뉴턴의 중력이론을 만들어내는 데 결정적인 역할을 했다고 보았다. 연금술에서 상정한 물질 입자들 사이에 작용하는 힘 같은 개념이 중력이론으로 이어졌다는 것이다. 반면에 최근의 학자들은 뉴턴의 연금술과 그의 광학 이론 간의 관련성에 더 주목한다. 연금술 실험에서 화학물질이 분해되었다가 결합하는 것을 관찰하면서, 물질로 구성된 빛이 분해되었다가 결합한다는 생각을 하게 되었다는 것이다. 실제로 뉴턴은 백색광이 빨주노초파남보의 단색광으로 분해되고, 이런 단색광들이 모여서 백색광을 이룬다는 근대적인 광학 이론을 처음 주장한 사람이다. 중력이건 빛이건 뉴턴의 연금술은 역학이나 광학 같은 그의 본격적인 과학 연구와 연결되어 있었을 가능성이 크다.[1]

♦

이번 장은 뉴턴의 연금술을 분석하는 것이 아니라 그 실험 공간, 즉 뉴턴의 실험실에 대해 살펴보는 것이 목표다. 험프리의 회고를 보면 뉴턴은 연금술 실험을 위해 따로 공간을 마련했고, 이 공간을

'실험실elaboratory'(당시에 실험실을 'elaboratory'라고도 했다)이라고 한 듯하다. 뉴턴의 실험 노트에는 그가 화로, 증류기, 통풍구, 도가니, 약병, 플라스크, 다양한 금속과 액체 화학물질 같은 기구와 재료를 실험실에서 사용했다는 기록이 있다. 뉴턴은 자신이 겪었던 크고 작은 사고에 대해서도 언급한다. 특히 실험하다가 유리 기구를 깨트린 적이 많았던 것 같다. 액체가 튀어서 바닥에 쏟아졌는데, 이것이 동그랗게 뭉치더라고 묘사한 기록도 있다. 자신이 직접 새로운 도가니를 만들었다는 사실도 적혀 있다. 이걸 보면 뉴턴은 연금술사들이 사용하던 실험실과 거의 비슷한 실험실을 가지고 있었으며, 여기에서 많은 실험을 했음을 짐작할 수 있다.

그런데 수수께끼가 하나 있다. 이 실험실이 당시 뉴턴이 재직하던 케임브리지 대학교 어느 건물에 있었는지 모른다는 것이다. 뉴턴은 자기가 죽은 뒤에 자신의 연금술 노트를 출판하지 말라는 유언을 남겼다. 비슷하게 연금술 실험에 관심이 많았던 로버트 보일Robert Boyle에게도 연금술 실험은 출판하지 말라고 조언하기도 했다. 이런 사실을 고려하면 뉴턴은 아마도 연금술을 종교적 탐구처럼 자연에 깊숙하게 숨겨진 비밀을 찾는 노력으로 여겼고, 이를 공적인 지식이 아니라 개인의 사적인 지식으로 남겨둬야 한다고 생각했던 것 같다. 뉴턴의 실험실이 어디에 있었는지에 대한 기록이 없는 데는 이런 이유도 있지 않을까?

뉴턴의 실험실에 대한 거의 유일한 언급은 뉴턴의 조수 험프리가 "(케임브리지 대학교) 채플의 동쪽 인근 정원의 왼쪽 끝에 그의 실험실이 있었고, 여기에서 그는 아주 만족스럽고 즐겁게 주어진 시간에 (실험에) 열중했다"고 적은 부분이다. 그가 언급한 장소는 케임브리지 대학교의 트리니티 칼리지에 있던 뉴턴의 숙소(지금으로 치면 교수 아파트)에서 가깝다. 그런데 1690년에 한 화가가 트리니티 칼리지를 자세히 그린 그림을 봐도 정원이 끝나는 곳에는 채플 건물만 있지, 험프리가 이야기했던 실험실이 될 만한 건물이나 방은 보이지 않는다. 사람들이 다 보는 야외 정원 같은 곳에서 연금술 실험을 했을 리도 없는데 말이다.[2]

짐작 가는 장소가 하나 있긴 하다. 채플과 숙소가 만나는 지점에 채플에 붙어서 툭 튀어나와 있는, 목조로 된 작은 방만 한 공간이 있

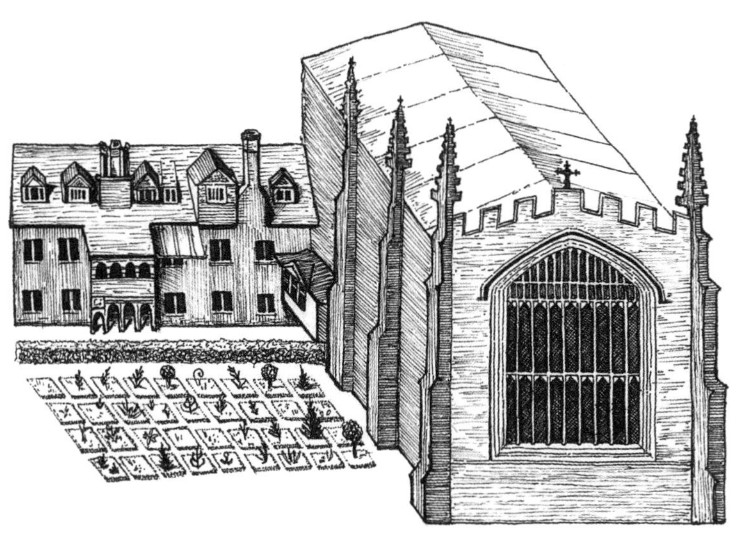

그림 왼편이 트리니티 칼리지의 숙소, 오른편이 채플이다. 그 사이에 '뉴턴의 정원'이 보인다.

다. 뉴턴의 연금술을 연구한 학자들은 이 작은 공간을 뉴턴의 실험실로 추정한다. 그런데 이곳을 실험실로 확정하기에는 또 다른 문제가 있다. 그림에는 이 구조물에 굴뚝 같은 환기 시설이 전혀 보이지 않는다. 당시 연금술사나 야금학자들의 실험실에는 환기 시설이 필수였다. 환기 시설이 없으면 금방 유독가스나 중금속에 중독되는 사고가 났기 때문이다. 한편 채플과 숙소를 낀 바둑판 모양의 정원은 뉴턴이 돌보던 개인 정원이었다. 이 정원은 열린 공간이 아니라 높은 나무와 담벼락으로 둘러싸인 공간이었고, 뉴턴은 자신의 숙소에서 나무 계단을 통해 정원으로 나갔다. 2005년에 한 과학자가 뉴턴의 실험실이 채플이 아니라 이 정원에 있었을 수 있다며 정원의 토양을 조사해 발표했는데, 토양 일부가 구리, 비소, 수은 같은 중금속으로 심하게 오염되어 있었다. 이를 근거로 뉴턴이 정원에 자신의 실험실을 지었다가 훗날 허물었을 것이라는 추측도 하지만, 이 가설을 뒷받침하는 다른 사료는 아직 발견되지 않았다.[3]

♦

실험가로서 뉴턴의 재능이 가장 빛을 발한 영역은 광학이다. 뉴턴은 연금술 실험과는 달리 광학 실험 대부분을 자신의 방에서 했다. 뉴턴은 18세인 1661년에 케임브리지 대학교에 입학했고, 1664년에 데카르트의 《굴절광학La dioptrique》을 읽다가 그가 했던 프리즘 실험에 흥미를 느끼고 동네 시장에서 프리즘을 구입해 실험을 하기 시작했다. 다른 과학자들처럼 뉴턴도 프리즘을 눈에 대고 이를 통해서 이런저런 사물들을 관찰하는 것부터 시작했는데, 두 번째 프리즘을 구입했을 무렵 마침 흑사병이 돌면서 케임브리지 대학교가 휴교를 했다. 그는 울즈소프에 있는 본가로 귀향해서 1년 넘게 머문다. 이 집의 2층에는 창문과 반대편 벽의 거리가 6.6미터인 서재가 있었고, 뉴턴은 커튼으로 창문을 가려서 방을 어둡게 한 뒤에 가림막에 낸 동그란 구멍으로 들어온 빛을 프리즘으로 굴절시켰다. 이렇게 굴절된 빛은 멀리 떨어진 벽에 길쭉한 색색의 스펙트럼을 만들어냈다.

이것이 근대 광학과 색깔 이론을 연 뉴턴의 실험이다. 뉴턴은 이 실험으로 태양빛 같은 백색광은 굴절률이 서로 다른 단색광들의 혼합체라는 생각을 어렴풋이 하게 되었다. 당시 뉴턴이 작성한 노트에는 64개의 실험이 기록되어 있는데, 이 가운데 44~45번째 실험이 훗날 그가 "결정적 실험"이라고 부른 것이다. 이 실험은 프리즘 두 개를 사용해서, 한 번 굴절되어 나온 푸른빛은 스펙트럼을 다시 만들어내지 못한다는 것을 보여준다. 백색광을 이루는 단색광들은 다시 분해되지 않는다는 것이다.

흥미로운 사실은 뉴턴은 물론 당시 어떤 과학자도 뉴턴이 이 광학 실험을 한 장소를 실험실이라고 부르지 않았다는 것이다. 1장에서 언급했듯이, 16세기 이래 적어도 200년 동안 실험실을 연금술, 화학, 약학, 약제학 같은 분야에만 속한 공간으로 여겼음을 확인할 수 있다.

그렇다면 뉴턴이 프리즘을 가지고 이런저런 실험을 했던 그의 서재를 실험실이라고 부르는 것은 틀린 해석일까? 역사학적 관점에서 보면 그런 것 같다. 뉴턴은 물론 동시대 과학자들이 이 공간을 실험실이라고 부르지 않았고, 엄밀한 역사적 방법론을 고수하는 역사학자들은 당시 사람들의 관념과 그들이 사용한 언어를 중요하게 생각하기 때문이다. 그렇지만 철학적인 의미에서는 뉴턴의 서재도 훌륭한 실험실이라고 할 수 있다. 그 이유를 살펴보기 위해서 갈릴레오를 소환해보자.

◆

관성의 법칙을 제창한 근대 물리학의 시조 갈릴레오 갈릴레이는 종교재판에 회부되기도 하는 등 파란만장한 삶을 살았던 이탈리아 과학자다. 그는 피사의 사탑에서 무거운 물체와 가벼운 물체를 떨어뜨리면 두 물체가 동시에 지상에 닿는다는 사실을 보여준 것으로 유명하지만, 과학사학자들은 대부분 갈릴레오의 피사의 사탑 실험이 사실과 거리가 멀다고 평가한다. 갈릴레오가 살아 있을 때는 피사의 사탑 실험에 대해서 전혀 언급이 없다가, 그가 사망하고 난 뒤에 그의 제자가 쓴 전기에 사탑 실험이 처음 언급되기 때문이다. 과학사학자들은 갈릴레오의 가장 중요한 업적을 실험이 아니라 수학적 방법론, 즉 물체의 운동을 수학적으로 기술하기 시작했다는 데서 찾는다. 근본적으로 갈릴레오는 실험가가 아니라 수학자였다는 말이다.[4]

그런데 갈릴레오가 말년에 혼신의 힘을 쏟아 저술한《새로운 두 과학Due Nuove Scienze》(1638)을 보면 경사면 실험 이야기가 매우 자세하게 나온다.

길이가 스무 자 정도, 폭은 한 자, 두께는 손가락 길이 정도 되는 긴 나무판을 구해서 거기에 손가락 하나 정도의 폭으로 곧고 매끄러운 홈을 판 후 매끄럽게 다듬은 양피지를 댑니다. 그리고 나무판의 한쪽 끝을 한 자 정도 올려서 경사지게 놓은 다음, 이 홈을 따라 단단하고 매끄럽고 매우 둥근 구리 공을 굴리면서 공이 내려오는 데 걸리는 시간을 잽니다. 이 실험을 여러 번 되풀이하면서 시간을 재면 시간의 차가 맥박 수 0.1번 이하가 될 정도로 정확하게 잴 수 있지요. 이 실험을 통해 정확성을 믿을 수 있게 된 후 거리를 1/4로 줄여서 굴려보았더니 구리 공이 내려오는 데 걸리는 시간이 정확하게 절반이 되었습니다. 그다음에는 거리를 바꿔서 실험합니다. 이러한 실험을 백 번 이상 되풀이했는데, 항상 움직인 거리는 걸린 시간의 제곱에 비례했습니다. 시간을 재는 방법으로, 커다란 물통을 어떤 높이에 올려놓고 물통 아랫부분에 조그마한 파이프를 달아서 가는 물줄기가 나오도록 했습니다. 그리고 그 물줄기를 공이 내려오는 동안 유리잔에 받은 후 물의 무게를 잽니다. 이 물의 무게들의 비율이 바로 시간의 비율을 나타내는 것이죠.

갈릴레오의 설명을 보면 그는 대략 5도 정도 기울기의 경사면을 만들어서 공을 굴렸던 것으로 보인다. 당시 쓰던 시계는 크고 부정확해서 갈릴레오는 처음에는 맥박을, 나중에는 물시계를 사용했다. 그가 언제 어디에서 이 실험을 했는지는 정확하게 기록되어 있지 않다. 1638년의 책이 나오기 한참 전에 했을 가능성이 큰데, 역사가들은 여러 증거를 고려할 때 그가 30년도 더 전인 1604년 무렵에 이 실험을 했을 것으로 추정한다. 이렇게 생각하면 실험을 한 장소는 파도바에 있던 자택의 서재나 다락방 같은 곳이었을 것이다. 무엇보다 태어난 지 얼마 안 된 아이들의 방해를 받지 않는 다락방 같은 공간이었을 가능성이 크다. 갈릴레오는 큰딸을 1600년에, 작은 딸을 1601년에 얻었다.[5]

우리의 흥미를 끄는 구절은 그가 이러한 실험을 백 번 이상 되풀이했는데, 항상 움직인 거리는 걸린 시간의 제곱에 비례하는 결과가 나왔다는 것이다.[6] 처음 1초 동안에 구리 공이 1만큼의 거리를 굴러 내려갔다면, 2초 동안에는 4만큼, 3초 동안에는 9만큼, 4초 동안에는 16만큼 굴러 내려간다. 수식으로 표현하자면 거리 s는 시간 t의 제곱에 비례한다는 것, 즉 $s \propto t^2$이다. 어디서 많이 봤던 수식 아닌가?

중고등학교에서 배운 물리에 대한 기억을 되살려보면, 거리가 시간의 제곱에 비례하는 운동은 바로 자유낙하 운동이다. 갈릴레오가 피사의 사탑 실험을 통해 증명하려 했다는 바로 그 주제이다. 그러니까 실제로 갈릴레오가 자유낙하 법칙을 발견한 실험은 피사의 사탑 실험이 아니라 경사면 실험이었던 것이다. 이를 어떻게 설명할 수 있을까?

자유낙하는 자연에서 일어난다. 사과나무에서 사과가 떨어지는 게 바로 자유낙하이다. 그런데 자유낙하는 대개 눈 깜박할 사이에 일어나, 첫 1초 동안에 얼마를 낙하했고, 다음 1초 동안에 얼마를 낙하했는지 알기가 어렵다. 높이가 수십 미터인 피사의 사탑에서 물체를 낙하시켜도, 4초가 안 돼 물체는 땅에 닿게 된다. 이럴 때 시간에 따른 속도나 거리의 변화를 측정하는 것은 현실적으로 불가능하다.

반면에 5도 정도의 경사면을 만들어놓고 실험을 하면 공은 상대적으로 천천히 굴러 내려간다. 자유낙하나 경사면 실험이나 원리는 똑같다. 대신 경사면은 시간에 따른 거리나 속도의 변화를 측정하기가 훨씬 더 쉬울 뿐이다. 갈릴레오가 경사면을 설치했을 때, 그는 자신의 방을 실험실로 탈바꿈시킨 것이다. 그는 실험실에서 자연을 조작하고 재현할 수 있게(무려 백 번을 실험할 수 있게!) 살짝 변형시켰다. 그가 설치한 밋밋한 경사면이야말로 앞서 말한 잠자는 사자의 꼬리를 잡아 비틀어서 사자를 깨우는 일, 근대 실험의 핵심이다.

이제 뉴턴이 광학 실험을 했던 서재를 살펴보자. 뉴턴의 서재에 별난 것은 없었다. 다만 운 좋게 서재가 커서 6.6미터 떨어진 벽에 스펙트럼을 투영할 수 있었고, 결과적으로 매우 길쭉한 스펙트럼을 얻을 수 있었다.

자연적으로도 스펙트럼을 관찰할 수 있다. 무지개가 대표적이다. 무지개는 고대부터 지금까지 많은 사람을 매혹한 현상이기도 하다. 그런데 무지개는 통제하기 힘들다. 연구를 해보려고 해도 무지개에

가까이 다가갈 수조차 없다. 반면에 프리즘을 통해서 만들어진 스펙트럼은 길이를 잴 수도 있고, 렌즈를 사용해서 다시 없앨 수도 있고, 두 번째 구멍을 통과시켜서 두 번째 프리즘으로 다시 굴절시킬 수도 있다.[7] 빛을 쪼개고, 결합하고, 구부리고, 선별하고, 측정하는 일을 마음대로 할 수 있는 것이다. 뉴턴은 1666년 8월에 프리즘 두 개를 가지고 64개의 실험을 했다고 기록했지만, 실제로는 100여 가지 실험을 했을 가능성이 크다. 이 실험들이 진행된 서재에서 그는 자연을 통제할 수 있게 길들이고 변형했다. 이런 의미에서 그의 서재는 엄연한 실험실이었다.

실험은 자연을 실험실로 가지고 들어오는 행위에서 시작된다. 실제 자연은 통제하기 힘들고, 따라서 길들이기도 까다롭다. 과학은 자연을 실험실로 가지고 들어와서, 여러 가지 기구를 이용해서 이를 측정 가능하고 통제 가능한 형태로 변형하고 길들인다. 실험실에서 자연을 줄자로 재고, 천칭으로 무게를 측정하고, 분류하고, 나누고, 찢고, 구별하고, 선별하고, 여기저기서 이것저것 끌어다 합친다. 자연에서는 한 번 하기도 힘든 연구를 실험실에서는 백 번을 반복할 수 있다. 바로 이런 점 때문에 실험은 근대과학의 강력한 방법론이 되었다. 실험이 수행되던 공간은, 그곳이 갈릴레오의 다락방이건 뉴턴의 서재이건, 모두 실험실이다.

2 부

실험으로의 전환

4장

실험과 실험실의 철학

근대과학modern science은 17세기 이후에 발전한 과학을 말한다. 역학, 수학, 천문학, 생리학 등이 17세기에 혁명적 변화를 겪고 근대화되었다. 그래서 이때를 '과학혁명'의 시기라고 한다. 영어로는 소문자 'scientific revolution'이 아니라, 대문자를 써서 'Scientific Revolution'이라고 한다. 근대 화학은 18세기에 있었던 산소 발견 이후에야 등장했다고 보며, 그래서 화학 혁명을 '지연된 혁명'이라고도 한다. 생물학과 지질학은 19세기에야 근대적인 모습을 갖춘다.

근대과학, 특히 근대 물리학은 두 가지 새로운 방법론으로 그 이전의 과학과 차별화된다. 그중 하나는 자연을 기술할 때 수학을 사용한 점이다. 근대과학 이전의 과학 연구를 지배한 아리스토텔레스의 자연철학에서는 수학이 배제되었다. 아리스토텔레스는 수학은 단지 추상일 뿐이며 자연현상과 자연법칙은 일상의 감각적인 경험을 통해 이해할 수 있다고 여겼다. 따라서 갈릴레오가 살던 때만 하더라도 수학은 철학이나 의학보다 학문적 지위가 확연하게 낮았다.

그렇지만 근대 역학을 창시한 갈릴레오는 "자연은 수학의 언어로 쓰인 책"이라고 하면서, 자연의 상징은 "삼각형과 원, 여타의 기하학적 도형들"이라고 강조했다. 자연을 이해하는 데 수학이 필수불가결하다고 주장한 것이다. 이런 믿음은 흔히 '프린키피아'라고 불리는 《자연철학의 수학적 원리》(1687)를 저술한 뉴턴에게 고스란히 이어졌다. 이 책 서문에서 뉴턴은 "나는 이 책에서 철학의 원리를 철학적인 방식이 아닌 수학적인 방식으로 밝힐 것이다"라고 선언했다. 뉴턴이 행성의 운동을 기술하고 예측하는 데 성공한 이후 수학의 위상은 높아졌고, 많은 이들이 실제 자연은 수학의 언어로 쓰였다고 믿기 시작했다.

두 번째 방법론은 실험이다. 앞 장에서도 언급했지만 실험은 불규칙하고 통제하기가 거의 불가능한 자연에 '울타리'를 쳐서, 이 울타리 안에서 자연현상을 규칙적이고 통제 가능한 것으로 만드는 행위이다. 울타리 내부가 실험실 공간이다. 실험실 밖의 자연은 불규칙하고, 변화무쌍하고, 까탈스러운 존

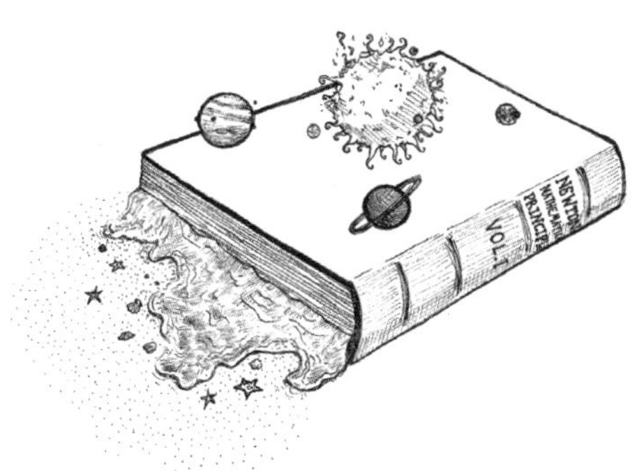

태양계의 비밀을 밝힌 《프린키피아》

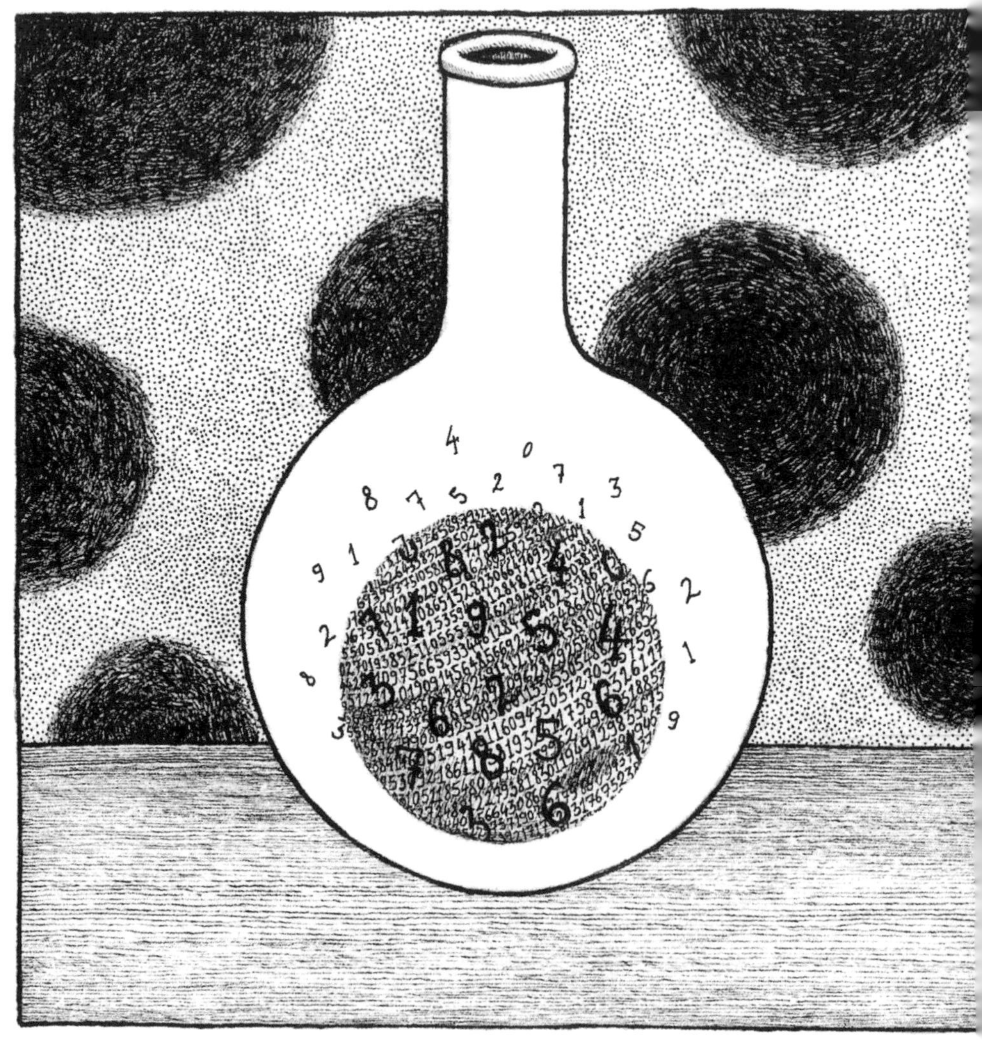

재다. 자연은 길들이기가 쉽지 않다. 게다가 자연은 그 본모습을 잘 보여주지 않는 비밀스러운 존재이기도 하다. 그렇지만 실험을 통하면 자연을 길들일 수 있으며, 자연을 비틀어서 그 본모습을 드러낼 수도 있다. 사람의 본성도 극단적인 상황에서 더 잘 드러나듯이, 자연도 비틀었을 때 자신의 참모습을 보일 수 있다. 이런 논리로 실험을 정당화했던 사람이 2장에서 보았던 프랜시스 베이컨이다.

♦

실험에 필요한 첫 번째 요소는 울타리를 친 공간, 즉 실험실이다. 실험실은 외부의 교란으로부터 실험과학자와 실험을 보호한다. 실험실이라는 공간이 만들어져야 거기에 기구를 들여놓을 수 있다. 그곳에는 기구를 올려놓고 실험을 할 테이블이 있어야 하고, 기구를 보관하는 캐비닛도 필요하다. 환기와 급수 시설도 반드시 있어야 한다. 실험의 두 번째 요소는 실험하는 과학자이다. 과학자가 실험에 숙달될 때까지는 시간이 오래 걸린다. 자신이 다루는 물질과 기구의 특성을 알아야 하고, 결과가 잘 나온 순간을 감지해야 하며, 실험에 수반되는 위험을 예방해야 한다. 손과 눈이 정교해야 하고, 때로는 귀와 코까지 동원해야 한다. 세 번째 요소는 사람의 힘이나 능력으로 할 수 없는 일을 해주는 기구나 다른 인공물들이다. 사람은 손으로 빛을 분해할 수 없다. 그런데 손에 프리즘을 들고 있으면 빛이 여러 가지 단색광으로 분해된다. 마찬가지로 사람은 풍선을 불 수는 있어도, 유리병에서 공기를 뺄 수는 없다. 그렇지만 유리병을 진공펌프에 연결하고 진공펌프의 크랭크를 돌리면 유리병의 공기가 빠지면서 진공이 만들어진다. 장인이 여러 도구를 가지고 정교한 모양의 장식품을 만들듯이, 실험과학자는 기구를 잘 사용하는 것은 물론이고 어떤 때는 스스로 기구를 만들어야 한다.

19세기 생리학의 과학화에 이바지한 프랑스 생리학자 클로드 베르나르Claude Bernard는 "모든 실험과학은 실험실이 필요하다. 과학자는 거기로 침잠해서, 자연에서 관찰한 현상을 실험적인 분석 방법으로 이해하려고 한다"라고 말했다.[1] 이렇게 실험을 하는 과학자에게 실험실은 필수이다. 물론 실험실은 학생들에게 과학을 교육하는 데에도 꼭 필요한 공간이다. 실험실이 없어도 되는 과학자는 수학자, 통계학자, 이론물리학자, 천문학자, 일부 이론화학자 정도일 것이다. 현재 과학자의 80퍼센트 정도가, 그리고 대학에서 공학을 연구하는 공학자의 90퍼센트 정도가 실험실을 가지고 있다.

♦

근대과학이 수학적 이론 혹은 수학적 법칙과 실험으로 무장을 했어도, 과학 지식이 자연에 대한 '변치 않는 진리'라고 할 수는 없다. 근대과학도, 그리고 지금의 과학도 계속 변한다. 19세기 말엽에 물리학자들은 물리학이 자연에 대해서 알 수 있는 모든 것을 알아냈고, 남은 문제는 여러 물리 상수에 대한 측정값을 소수점 몇째 자

3

리까지 더 정교하게 얻는가 하는 것뿐이라고 전망했다. 그렇지만 20세기 물리학은 19세기 물리학에서는 상상도 하지 못했던 분야와 연구 주제를 열어젖혔다. 이렇게 과학이 계속 변한다는 것은 과학의 설명이 부분적으로만 참이라는 의미이다. 조금 더 철학적으로 이야기하자면, 과학적 이론이나 실험에서 다루는 자연은 자연 그 자체가 아니라 자연에 대한 모델이거나 아니면 자연의 부분인 것이다. 과학자는 자연 전체를 실험실로 들여올 수 없다. 실험실로 가지고 들어오기 위해서는 자연을 일부만 추출하거나 변형해야 한다.

19세기 말에서 20세기 초까지 유럽에서 활동하며 현상학이라는 새로운 철학 분야를 개척한 에드문트 후설Edmund Husserl은 이러한 관점에서 근대과학을 강하게 비판했다. 현상학은 철학적 분석의 대상이 추상적인 실재가 아니라 우리가 의식하는 현상이 되어야 한다고 주장했던 철학이다. 낙하운동을 갈릴레오식이나 뉴턴식으로 분석할 수도 있지만, 우리가 그것을 어떻게 보고 지각하는지를 분석의 대상으로 삼을 수도 있다. 철학은 후자에 주목해야 한다는 것이 현상학이다. 현상학은 과학적 지식이 실재에 대한 진리라는 생각을 강하게 비판하는데, 현상학에 따르면 과학은, 특히 실재를 단순화하고 환원해서 이해하는 과학은 이런 과정에서 실재 세계의 풍성함을 깎아서 줄이기 때문이다. 반면에 세계에 대한 현상학적 이해는 '생활세계Lebenswelt'의 풍성함을 그대로 보존하는 방식이라는 것이 후설의 관점이다. '생활세계'는 후설이 제창한 철학적 개념이다. 이는 주체인 나, 그리고 나와 비슷한 모든 다른 주체가 모인 우리가 살아가고 경험하는 세상이다. 이것 없이는 어떤 경험이나 의식도 존재할 수 없는 그런 세상을 뜻한다.

그러면 현상학적 방법으로 추상적인 과학 이론이 아니라 과학이라는 생활세계를 분석할 수도 있지 않을까? 후설은 이것이 가능하다고 했고, 현상학적 방법으로 과학을 분석하는 것은 과학 이론뿐만 아니라, "다른 동료와 함께 연구하는 과학자들이 수행하는 실천적 활동, (…) 사람들, 기구, 연구소의 방 등"을 분석하는 일이라고 강조했다.[2] 즉 현상학적 과학 이해는 이론만이 아니라 과학자들의 일상생활을 분석의 대상으로 삼아야 한다는 것이다. 특히 기구와 연구소의 방, 즉 실험실을 언급한 것이 눈에 띈다. 현상학은 과학 이론뿐만 아니라 과학자가 실험실에서 기구를 써서 대체 뭘 하는지를 궁금해한 것이다. 후설은 19세기 말에서 20세기 초의 문명의 위기를 과학이 생활세계와 격리되어 생겨난 것으로 보고, 이런 연구로 과학의 자리를 생활세계로 돌려놓는 것이 문명의 위기를 극복하는 데 중요한 역할을 할 수 있다고 믿었다.

과학이라는 '생활세계'

흥미로운 사실은 이런 점을 지적한 후설이나 그의 제자들이 실험실에서 실제 과학이 어떻게 작동하는지를 경험적으로 분석하지는 않았다는 점이다. 철학적인 통찰이 중요하다고 생각했지, 과학자들이 너저분한 실험실에서 어떻게 실험을 하고 어떻게 새로운 지식을 만들어내는지를 직접 탐구할 필요는 없다고 생각했던 것 같다. 후설 이후로도 근대과학, 특히 물리학에 대한 비판이 많았다. 수학자이자 철학자인 화이트헤드Alfred Whitehead는 근대과학이 '일차적 성질primary qualities'로 구성된 수학적 세상과 '이차적 성질secondary qualities'로 구성된 감각적인 세상을 구분한 뒤, 전자만이 실재이고 후자는 허상이라고 평가하여 우리 세계에서 아름다움, 행복, 사랑, 조화 같은 중요한 가치를 평가절하했다고 비판했다.[3] 러시아 출신으로 프랑스에서 과학사를 가르쳤던 철학자이자 과학사학자였던 알렉상드르 쿠아레Alexandre Koyré도 갈릴레오와 뉴턴의 과학을 자연을 기하학화하는 과정으로 해석했다. 갈릴레오에서 뉴턴까지의 근대 역학은 세상을 이해하는 기하학적인 '이론'일 뿐이라고 지적하면서, 쿠아레는 이들의 수학적 이론이 세계를 추상화했고, 결과적으로 세상의 중요한 질적 가치를 앗아갔다고 비판했다. 여기서 '이론'이라는 표현은 갈릴레오와 뉴턴의 과학이 하나의 '설設'에 불과하다는 것을 뜻한다. 이런 과학은 진리와는 멀리 떨어진 과학이었다.[4]

쿠아레는 갈릴레오와 뉴턴의 과학이 '이론'에 지나지 않는다는 것을 보이기 위해서 이들이 실험하지 않았거나, 실험했다고 해도 이것이 이들의 과학에서 별로 중요한 역할을 하지 못했다고 주장했다. 이런 쿠아레의 관점은 토머스 쿤을 비롯한 미국의 1세대 과학사학자들에게 큰 영향을 주었다. 이들은 모두 쿠아레를 좇아서 과학의 발전을 이론의 변화, 혹은 세계관의 변화로 이해했다. 쿠아레는 '이론'을 철학적으로 부정적인 뜻으로 사용했지만, 이런 본래의 의미는 쿠아레의 사상이 유럽에서 미국으로 건너오면서 탈색됐다. 이렇게 해서 과학의 역사는 주로 과학 이론의 역사가 되었다. 과학사학자들은 과학의 변화와 발전을 '고상한' 이론의 변화와 발전으로 파악해 연구했다. 쿤의 영향을 받은 초기 과학사회학도 '과학 이론의 사회적 구성' 같은 주제를 잡아서 연구했을 정도였다.

과학철학은 이런 경향을 더 강화시켰다. 몇몇 과학철학자는 이론이 서로 다르면 관찰 결과도 다르다는 '관찰의 이론 의존성' 개념을 주장했다. 이 주장을 좀 더 확대하면, 통제된 환경에서 자연을 관찰하는 실험도 이론에 의존한다는 결론에 도달한다. 이렇게 되면 우리는 이론만 이해하면 관찰은 물론 실험까지도 저절로 이해할 수 있다. 과거의 과학자가 했던 실험 노트를 뒤져보면서, 그의 실험을 이해하거나 다시 반복해보는 수고를 하지 않아도 된다는 말이다.

이런 분위기 속에서 과학사학자, 과학철학자, 과학사회학자들은 오랫동안 과학자의 실험에 대해서 별반 관심을 두지 않았다. 실제 과학자의 80~90퍼센트가 실험실에서 실험하고 있는데, 과학에 대한 메타적인 이해를 한다는 과학사, 과학철학, 과학사회학 분야의 학자들은 실험보다 이론만을 분석하는 역설적인 상황이 오랫동안 지속된 것이다.

♦

이런 경향이 1980년대 전후로 변하기 시작했다. 변화를 주도한 것은 그즈음 출간된 책 네 권이다. 첫째는 다음 장에서 자세히 이야기할 브뤼노 라투르Bruno Latour와 스티브 울거Steve Woolgar의 《실험실 생활Laboratory Life》(1979), 둘째는 과학철학자 이언 해킹Ian Hacking의 《표상하기와 개입하기Representing and Intervening》(1983), 셋째는 과학사학자 사이먼 셰퍼Simon Schaffer와 스티븐 셰이핀Steven Shapin이 공동 저술한 《리바이어던과 진공펌프Leviathan and the Air-Pump》(1985), 그리고 마지막이 20세기 물리학의 역사를 연구한 피터 갤리슨Peter Galison의 《실험은 어떻게 끝나는가?How Experiments End?》(1989)이다. 이 중 첫 두 권은 국내에 번역본이 나와 있다.

이 네 권 가운데 '실험으로의 전환experimental turn'이라는 큰 흐름을 만든 것은 해킹의 《표상하기와 개입하기》이다. 이 책의 핵심 주장을 한 문장으로 표현하면 '실험에는 (이론과 무관한) 그 자체의 삶이 있다'는 것이다. 실제로 이론 없이 실험하기도 하며, 때로는 실험자가 확신하는 이론과 반대되는 실험 결과가 나오기도 한다. 미국 물리학자 마이컬슨Albert Michelson은 공간을 꽉 채운 '에테르'라는 매질의 존재를 믿었지만, 그의 실험 결과는 계속해서 에테르의 존재를 부정하는 쪽으로 나왔다. 19세기 영국 물리학자 브루스터David Brewster는 뉴턴주의자였지만 뉴턴 이론과는 상반되는, 빛의 파동이론을 지지하는 실험 결과를 얻었다. 20세기 미국 실험물리학자 우드Robert W. Wood는 양자역학을 잘 몰랐고 이를 지지하지도 않았지만, 양자 광학에 크게 이바지한 실험을 했다. 실험에 그 자체의 삶이 있음을 보여주는 이런 사례들을 우리는 과학의 역사에서 얼마든지 찾을 수 있다.[5]

해킹은 여기에서 더 나아가 실험은 대부분 이론을 검증하기 위한 것이 아니라고 강조한다. 이론을 검증할 목적이 아니라면 과학자는 왜 실험을 하는 것일까? 우선 해킹은 실험을 '자연을 새로운 방식으로 작동하게 만드는 능력'이라고 정의한다. 이런 점에서 실험은 매력적이다. 과거에는 존재하지 않았던 현상, 효과, 존재자, 규칙성 등을 얻어내는 것이기 때문이다. 서로 다른 금속을 접합시키고 여기에 전류를 흘려주면 이 접점에서 발열이나 흡열 현상이 나타난다는 펠티에 효과Peltier effect, 전류가 흐르는 길쭉한 모양의 얇은 판에 자기장을 걸어주면 전류의 직각 방향으로 판에 전압차가 관측된다는 홀 효과Hall effect 등이 이런 사례이다. 특히 실험과학자들은 새로운 현상이나 효과를 만들어내는 것을 가장 높게 평가한다. 이렇게 만들어진 현상이나 효과는 새로운 센서 같은 것을 만드는 기술에 많이 응용된다. 이런 것들이 과학이 기술을 낳는 대표적인 사례이다.

또 해킹은 실험과 관찰이 다르다는 것을 설득력 있게 보여준다. 몇 년이 걸리는 실험에서 관찰은 고작 며칠 정도에 그치곤 한다. 그렇다면 나머지 시간 동안 실험과학자들은 무엇을 할까? 대부분 장치를 만들고, 이를 작동시키고, 어느 조건에서 장치가 잘 작동하는지 알아내는 데 보낸다. 새로운 장치, 도구, 기구를 만드는 일은 실험과학자가 가장 어려워하면서도 꼭 도전하려는 분야다. 기구는 인간의 한계를 넘어 자연을 분해하고 결합한다. 세포를 으깬 뒤에 시험관에 넣고 사람의 손으로 아무리 흔들어도 미세한 변화조차 보기 힘들지만, 이를 원심분리기에 넣고 돌리면 세포를 구성하는 조직들이 분리되면서 마술 같은 일이 일어난다. 기구를 매개로 기술은 실험실로 들어오고, 새롭게 만들어진 기구는 다시 신기술을 낳기도 한다. 현상이나 효과를 만들어내는 것과 마찬가지로, 기구도 과학과 기술을 잇는 매개물이다.

♦

해킹의 책이 나오면서 실험의 역할은 이론을 검증함으로써 이론의 발전을 보조하는 것에서 새로운 현상을 만들어내는 것으로 바뀌었다. 많은 학자가 실험에 주목하고, 실제 실험을 분석하기 시작했다. 그렇지만 무시되었던 실험을 복권해 '실험으로의 전환'을 촉발한 해킹도 실험이 진행되는 공간인 실험실에 대해서는 별로 관심을 기울이지 않았다. 해킹은 자신이 분석한 여러 실험을 실험실이라는 물질적이고 구체적인 공간이 아니라 마치 추상적인 공간에서 일어난 일처럼 기술했다.

실험실이라는 물질적인 공간에 주목한 사람은 해킹의 저서가 나오기 몇 년 전《실험실 생활》을 펴낸 라투르와 울거였다. 이제 이 책이 처음 나왔을 때의 지적인 '충격'을 따라가보자.

5장

실험실의 인류학자

"과학이란 무엇인가?"

이 질문은 전통적으로 과학자나 과학철학자가 던졌던 질문이다. 과학자들은 대부분 과학이 합리적, 객관적, 보편적 지식이라고 답했다. 과학철학자들은 왜 과학이 합리적, 객관적, 보편적 지식인지를 인식론적으로 정당화했다. 예를 들어, 과학적 명제는 실험을 통해서 검증되거나 반증되기 때문에 이 과정에서 살아남은 지식은 합리적이라는 것이다. 과학에는 다른 곳에는 없는, 실험이라는 독특한 방법론이 있다. 분명히 이렇게 얻은 과학적 지식이 다른 지식과 달리 자연 세계를 객관적으로 설명하고 예측하는 것 같았기에 이 설명은 설득력이 있었다.

그런데 1970년대 중반부터 이 질문에 대해 다른 방식으로 답하는 집단이 생겨났다. 사회과학의 여러 방법론을 과학 연구에 접목시킨 과학사회학sociology of science 혹은 과학기술학Science and Technology Studies, STS 연구자들이다. 실험실에 관한 이해라는 이 책의 주제에서 벗어날 우려가 있으므로, 과학기술학의 역사를 여기에서 다 다루지는 않겠지만 1975년에 미국에서 '과학의 사회적 연구를 위한 학회Society for the Social Studies of Science'(이후 4S로 약칭)가 출범했다는 사실 정도는 기억하는 게 좋겠다. 과학기술학 분야의 첫 학회 4S는 이듬해인 1976년, 미국 이타카에 있는 코넬 대학교에서 첫 연례 모임을 열었다.

♦

브뤼노 라투르

이 첫 모임에서 프랑스인 브뤼노 라투르는 〈과학 논문들의 행위 시스템에서의 인용 집계를 포함해서Including Citation Counting in the System of Actions of Scientific Papers〉라는 난해한 제목의 논문을 발표했다. 라투르는 당시에 캘리포니아 샌디에이고에 있는 소크 연구소Salk Institute에서 과학자들의 일상을 인류학적으로 연구하던 중이었다. 그의 발표에 주목했던 사람은 많지 않았지만, 라투르는 이 학회에서 영국 과학기술학자인 스티브 울거를 만나는 행운을 얻었다. 라투르는 울거를 소크 연구소로 초청하고, 자신이 그동안 했던 연구에 대해서 의견을 나눈 뒤에 함께 책을 쓰기로 의기투합했다. 그 결과가 1979년에 출판된《실험실 생활》이다. 공동저술로 출판되었지만 이 책에 있는 아이디어는 대부분 라투르의 것이다. 울거는 나중에 자신이 한 일이라곤 라투르의 영어를 고쳐준 것뿐이라고 겸손하게 회고하기도 했다. 아무튼 이 책은 실험실, 실험, 과학에 대한 이미지를 완전히 바꿔버렸다.[1]

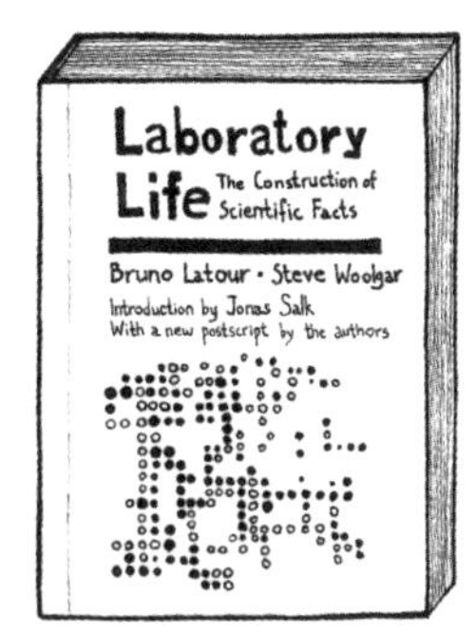

《실험실 생활》

라투르는 2차 세계대전이 끝난 지 얼마 안 된 1947년에 프랑스 부르고뉴 지방의 유명한 와이너리인 라투르 집안의 8남매 중 막내로 태어났다. 그가 태어났을 때 형들은 와이너리를 운영하고 있었을 정도로 형제간에 터울이 컸다. 그 때문인지 라투르는 일찌감치 학문 쪽으로 방향을 잡았다. 파리에 있는 예수회 사립학교를 다니면서 라투르는 니체의《비극의 탄생》을 읽고 깊은 감명을 받았을 정도로 철학에 매료되기도 했다. 그는 수학이 혼란스러웠음에 반해, 니체는 매우 명료했다고 회고한다. 이후 디종 대학교에서 석사학위를 받고, 병역 의무 대신에 서아프리카 코트디부아르의 대도시 아비장에 있던 프랑스 평화봉사단 근무를 자원했다.

이때 라투르는 아비장의 프랑스 기관에서 일하던 백인 상급자를 지역의 흑인으로 대체했을 때 생길 수 있는 문제를 연구하는 데 참여했다. 그는 그곳의 인류학자와 함께 관계자 130여 명을 각각 두세 시간씩 깊이 있게 인터뷰하는 일을 맡았다. 당시 아비장의 프랑스인 학교에는 흑인 학생들이 '아프리카인의 심성'을 가지고 있어서 기계공학에서 쓰는 3차원 제도 도형을 이해하지 못한다고 불평하던 교사들이 있었다. 이 교사들은 흑인 학생들이 상급자의 자격을 얻지 못할 거라고 했다. 그런데 흑인 학생들을 인터뷰한 라투르에 따르면 이들이 제도 도형을 이해하지 못하는 이유는 엔진 같은 기계를 한 번도 실제로 본 적이 없었기 때문이다. 이는 '아프리카인의 심성'과는 상관이 없었다. 아직도 인종차별주의에 물든 일부 백인들은 '흑인들이 선천적으로 모자라서 수학을 잘하지 못한다'는 이야기를 한다. 당시 라투르는 이런 생각이 틀렸음을 밝혀낸 것이다. 그는 이 초기 연구에서 전문성이나 능력이라고 부르는 역량은 추상적인 지식이 아니라 일종의 네트워크, 혹은 링크와 비슷한 것이라는 생각을 하게 되고, 나중에 이런 생각을 과학에도 적용한다.

아비장으로 떠나기 직전에 라투르는 유명한 생화학자인 로제 기유맹Roger Guillemin을 만날 기회가 있었다. 기유맹도 디종 출신이었고, 라투르 집안과도 가까웠다. 당시 기유맹은 미국 소크 연구소의 소장을 맡고 있었다. 라투르가 아프리카에서 돌아와 투르 대학교에서 난해한 프랑스 시인이자 사상가인 샤를 페기Charles Péguy에 대한 논문으로 박사학위를 받은 1975년, 기유맹이 라투르를 소크 연구소로 초청했다. 자비自費로 연구소의 과학자들을 연구하고 싶다는 라투르의 청을 받아들였던 것이다. 그렇게 해서 그해 10월에, 생리학이나 생화학에 대해서 거의 아무것도 몰랐고, 영어마저 서툴렀던 라투르는 소크 연구소에 관찰자 겸 연구원으로 합류했다.[2]

♦

라투르는 기유맹이 운영하던 실험실에서 2년 동안 과학자들을 관찰했다. 가끔은 그도 실험을 했는데, 과학자들은 '저렇게 실험에 서툰 사람이 있나' 하는 눈으로 그를 바라보았다고 한다. 라투르는 실험실에서 무엇을 관찰했을까? 아래는 그가 쓴 관찰 노트의 일부이다.

> 5분. 존이 들어와서 그의 연구실로 간다. 그는 큰 실수를 저질렀다는 등의 이야기를 서둘러 한다. 논문의 리뷰(심사)를 보냈다. (…) 그다음 말은 알아듣지 못함.
>
> 5분 30초. 바바라가 들어온다. 그녀는 스펜서에게 어떤 종류의 용매를 칼럼column에 넣어야 하는지를 묻는다. 스펜서가 자신의 오피스에서 답을 한다. 바바라는 나와서 벤치(실험대)로 돌아간다.
>
> 5분 35초. 제인이 들어와서 스펜서에게 묻는다. "I.V. 모르핀은 언제 준비하나요? 염수 속에 혹은 물속에?" 뭔가를 쓰면서 스펜서가 답한다. 제인은 물러난다.
>
> 6분 15초. 윌슨이 들어와서 스태프 미팅을 소집하기 위해 이 방 저 방 돌아다닌다. 모호한 약속을 얻어낸다. "이것은 최대 2분 내로 해결해야 할, 대략 4천 달러짜리 문제야." 그는 로비로 떠난다.

라투르가 관찰한 실험실의 하루는 분주하다.

매일 아침, 일꾼들은 브라운 백에 도시락을 싸서 실험실로 걸어 들어온다. 테크니션들은 바로 어세이assay를 준비하고, 해부대를 정리하고 화학물질의 무게를 단다. 이들은 밤새 돌아갔던 계측기에서 데이터를 뽑아낸다. 비서들은 타이프라이터 앞에 앉아서 출판 마감이 지난 초고를 고치기 시작한다. 더 일찍 나온 스태프들은 오피스 영역에 한 명씩 들어가서 오늘 할 일에 대한 정보를 주고받는다. 그러고는 곧 실험대로 돌아간다. 관리인과 다른 작업자들이 동물, 신선한 화학약품, 우편물을 잔뜩 배달한다. 이 모든 작업 노력은 보이지 않는 장field, 혹은 더 특정해서 말한다면, 퍼즐에 의해서 인도되는 것이다. 이 퍼즐의 성질은 이미 결정되었고, 오늘 해결할 수도 있다. 이 사람들이 연구를 수행하는 건물과 이들의 미래를 안전하게 지키는 것은 소크 연구소이다. 미국립보건원NIH의 도움으로 공과금과 월급을 지불하기 위해 국민의 세금으로 만든 수표가 주기적으로 날라온다. 모든 사람의 마음에 일순위로 새겨진 건 미래의 강연과 미팅이다. 10분마다 동료 과학자, 에디터, 직원들이 연구원에게 전화를 걸어온다. 실험대에서는 대화, 토론, 주장이 오간다. "왜 이렇게 해보지 않아?" 흑판에 그림이 휘갈겨진다. 수많은 컴퓨터가 인쇄물을 쏟아낸다. 동료의 논평이 적힌 논문 복사본 옆에 데이터 용지가 쌓인다.

REMINDER
nature
SCIENTIFIC

하루가 끝날 무렵에는 원고, 별쇄본, 드라이아이스에 포장한 귀하고 값비싼 샘플들이 우편물과 함께 발송된다. 테크니션이 퇴근한다. 분위기는 느슨해지고 이제 아무도 뛰지 않는다. 로비에서는 농담이 오간다. 오늘 천 달러를 썼다. 몇 개의 슬라이드가, 마치 중국어 표의문자처럼 재고 더미에 쌓인다. 글자 하나가 해독됐다. 아주 작고 거의 안 보이는 수확이다. 작은 힌트들이 보이기 시작했다. 한두 문장 때문에, 마치 다우존스의 지수처럼, 그들의 신용도가 몇 점 더 올라갔다. 혹은 내려갔다. 아마 오늘 실험 대부분은 망쳤을 것이고, 그 제안자들은 막다른 골목에 몰렸을 것이다. 아마 몇몇 아이디어들은 더 확실하게 매듭지어졌을 것이다.

필리핀 출신의 청소부가 바닥을 닦고 쓰레기통을 비운다. 늘 있는 평범한 날이었다. 고독한 관찰자 한 명을 빼고 실험실은 텅 비었다. 그는 약간 얼떨떨한 심정으로 오늘 본 것에 대해서 골똘히 생각하기 시작했다.

사람들이 왜(why) 이것을 하는지를 묻는 대신에 사람들이 무엇을(what) 하는지를 묻거나 관찰하는 인류학자의 관점으로 실험실을 보면 이렇다. 라투르가 관찰한 실험실은 무질서 그 자체다. 사람들은 뛰어다니고, 대화는 짧게 끊어지며, 전화는 계속 울리고, 컴퓨터는 끊임없이 데이터를 쏟아낸다. 사람들은 논문을 쓰고, 고치고, 다른 사람의 논문을 읽고, 짧게 대화를 나눈다. 실험실 안으로는 동식물,

우편물, 연구비, 전화, 화학약품이 들어오고, 실험실 밖으로는 논문, 샘플, 쓰레기가 나간다. 이런 일상이 거의 매일 반복된다.

♦

1975년부터 1977년까지 실험실 연구를 하면서 라투르는 실험실이 과학적 사실이 만들어지는 장소라는 사실을 발견했다. 소크 연구소의 기유맹은 1960년대 말에 TRF(Thyrotropin Releasing Factor)라고 불리는 갑상선자극호르몬 방출 인자를 찾아냈다. 이 업적으로 그는 1977년에 노벨상을 받는다. 기유맹의 논문이 어떻게 인용되었는지를 살펴보던 라투르는 흥미로운 사실을 발견했다. 기유맹의 논문에 대한 인용이 적어지던 시점부터 TRF를 언급하는 논문의 수가 점점 더 많아진 것이다. TRF는 처음부터 과학적 사실이었던 것이 아니라 시간이 지나면서, 그리고 거기에서 기유맹이라는 이름이 떨어져 나가면서 점점 더 확고한 과학적 사실로 받아들여지기 시작했다는 것이 논문 인용의 이런 상반된 경향을 살핀 라투르의 해석이었다. 라투르가 1976년 4S에서 발표한 논문의 제목 〈과학 논문들의 행위 시스템에서의 인용 집계를 포함해서〉는 바로 이런 맥락에서 나온 것이다.

한 과학자가 확실하다고 생각해서 내놓은 실험 결과도 경쟁하는 과학자에게는 아직 가설이나 주장일 뿐이다. 과학자들은 자신의 주장에 힘을 주기 위해 다른 논문들을 길게 인용한다. 과학 논문 인용

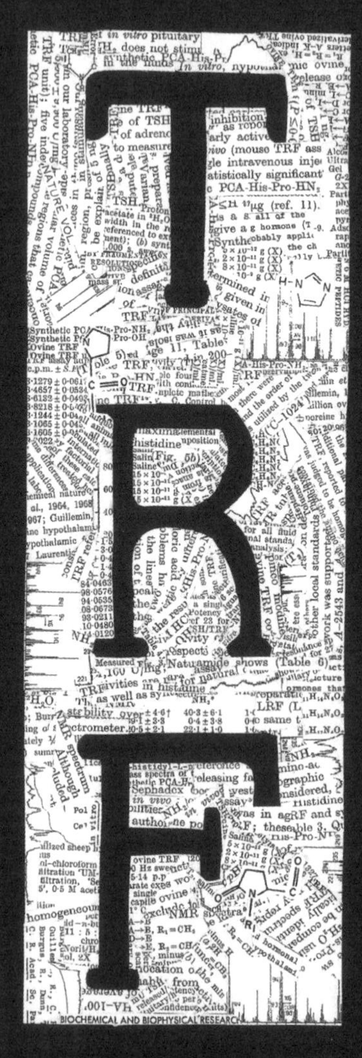
TRF
BIOCHEMICAL AND BIOPHYSICAL RESEARCH

중에는 원래 논문을 쓴 저자의 의도에 맞지 않는 인용도 많다. 심지어 원래 논문의 주장과 정반대되는 주장을 지지하는 방편으로 논문을 인용하기도 한다. 논문 인용의 목적을 잘 보여주는 현상이다. 그리고 유명한 연구자가 포함된 공저자 목록을 길게 만들고, 동료들에게 감사한다는 말을 쓰고, 연구비가 얼마나 공신력 있는 기관에서 나왔는지를 밝혀둔다. 이렇게 해서 프리프린트나 논문을 내면 이 연구는 'C 연구소의 김 박사가 X가 Y의 모양을 하고 있다는 주장을 했다더라' 하는 식으로 사람들에게 회자되고 인용된다. 이 프리프린트나 논문에는 수많은 참고문헌이 아직 붙어 있다. 여기서 한 단계 더 발전하면 '김 박사에 의하면 X는 Y의 모양을 하고 있다'는 이야기가 다른 논문이나 교과서에 실린다. 이 경우에는 원논문에 붙어 있던 참고문헌은 다 떨어져 나가고, 김 박사의 논문 하나만 인용된다. 여기서 한 단계 더 나아가면 사람들이 X가 Y의 모양을 하고 있다고 이야기할 때 김 박사의 이름을 말하지 않는다. 이 단계가 되면 과학자들은 'X가 Y의 모양을 하고 있으므로 Z라는 현상이 설명될 수 있다'는 식으로 이야기한다. 라투르는 여기에 이르러서야 X가 Y의 모양을 하고 있다는 것이 확고한 사실이 된다고 해석했다.

과학자들은 자신의 연구를 가설이나 주장 수준에서 확고한 사실 수준으로 끌어올리려고 노력한다. 반대로 다른 과학자의 연구, 특히 경쟁자의 연구는 사실 수준에서 가설 수준으로 낮추려고 한다. 라투르는 확고한 사실이 된 과학 지식을 '블랙박스'라고 부른다. 그것이 만들어지는 과정에서 가지고 있었던 링크들이 대부분 떨어져 나가고, 사실 하나만 패키지처럼 남는다는 것이다. 사람들은 물론 다른 과학자들도 그 사실을 받아들일 뿐, 블랙박스의 속을 들여다보지는 않는다. 이렇게 블랙박스가 된 사실들은 '만들어진 과학ready-made science'이다. 과학자나 과학철학자들이 합리적, 객관적, 보편적 지식이라고 생각하는 과학은 이런 것이다.

반면에 실험실은 '만들어지고 있는 과학science-in-the-making'을 볼 수 있는 장소이다. 만들어지고 있는 과학의 경우에는 모든 것이 불확실하다. 사실은 아직 주장이나 가설 단계에 있고, 논쟁과 토론이 오가고, 실험은 성공과 실패를 반복한다. 컴퓨터가 산출한 산더미 같은 데이터 용지 위에 그려진 숫자나 그래프를 어떻게 해석할지를 놓고 이견이 오간다. 이 단계의 과학은 확실성보다 불확실성이 지배적이다. 그렇지만 실험실만큼 사실을 만들기에 좋은 곳은 없다. 여기에서 나오는 주장은 과학자, 동료, 기구, 데이터 용지, 연구비, 연구소, 정책, 정치 등으로 얽힌 네트워크가 뒷받침한다. 우리는 보통 과학자가 사실을 발견한다고 생각하지만, 라투르에 의하면 과학적 사실은 이런 이종의 요소들이 얽힌 네트워크가 공고해지면서 생겨나는 것이다.[3]

이미 '만들어진 과학'에서 과학적 논쟁의 승자와 패자는 자연이라는 실재가 정한다. 승자는 자연에 잘 들어맞는 이론을 제창했고, 패자는 그렇지 않았기 때문에 승패가 갈린다. 반면에 '만들어지고 있는 과학'에서는 과학 논쟁이 종결되면서 승자의 이론이 자연의 실재에 부합하는 것으로 평가되기 시작한다. 자연이 논쟁을 종결한 것은 아니지만, 선후 관계를 잘 모르는 사람들은 자연에 의해 논쟁이 종결됐다고 믿는다. 라투르에 의하면 '만들어진 과학'과 '만들어지고 있는 과학'이라는 과학의 두 모습은 마치 두 얼굴이 서로 다른 이야기를 하는 야누스와 비슷하다.

♦

'만들어지고 있는 과학'을 분석하면서 라투르는 TRF가 '발견'된 것이 아니라 '구성'된 것이라고 주장했다. 이는 매우 논쟁적인 주장이어서 신랄한 비판이 쏟아졌다. 이 주장의 진의나 이와 관련된 논쟁을 여기에서 자세히 들여다볼 필요는 없을 것 같다. 다만 과학적 발견은 무인도 발견과는 매우 다른 과정이며, 따라서 발견이라는 말이 과학 연구의 흥미로운 측면들을 다 담지는 못한다고 라투르가 생각했다는 점은 알아둘 필요가 있다. 조금 더 이해하기 쉬운 다른 예를 하나만 들어보자. 19세기 프랑스 생리학자 파스퇴르는 자신이 젖산 효모를 발견한 과정에 대해서 이렇게 적었다.

> 나는 물이 끓는 온도에서 물의 무게만큼의 효모를 열다섯 번에서 스무 번 정도 일정 시간 동안 처리함으로써 양조 효모로부터 용해된 부분을 추출했다. 단백성이고 광물성인 복잡한 용액이 조심스럽게 걸러졌다. 1리터당 약 50그램 내지 100그램의 당질을 용해하고, 약간의 초크chalk를 더하고, 적당한 보

> 통의 젖산 발효로 얻은, 내가 언급한 회색 물질의 흔적을 살짝 뿌리고, 그 뒤에 온도를 섭씨 30도나 35도로 올린다. 물속에 잠긴 굽은 송출관이 달린 플라스크에서 공기를 빼내기 위해서 탄산류를 약간 첨가하는 것도 좋다.

이 과정을 생각해보면, 감각 데이터가 정말 혼란스러웠을 때 그가 최대한의 노력, 즉 추출, 처리, 여과, 용해, 첨가, 흩뿌리기, 온도 올리기, 탄산 주입, 시험관 준비 등을 해서 젖산 발효를 만들어낸 것임을 알 수 있다. 그렇지만 이러한 기록 뒤에 그는 "바로 다음 날 생기 있고 규칙적인 발효가 확연하게 나타난다. (…) 이 외적 구현은 화학자들이 이미 잘 알고 있는 것들이다"라고 자신의 노력을 지워버렸다. 이렇게 해서 젖산 발효는 파스퇴르가 만든 것이 아니라 발견된 것이 된다.[4]

실험실은 과학적 가설과 주장이 실시간으로 만들어지는 공간이다. 실험실 밖으로 나간 가설과 주장은 업그레이드되어 과학적 사실이 되거나 다운그레이드되어 소멸한다. 우리는 사실이 된 과학을 교과서나 고전적인 논문들을 통해 접할 뿐이다. 과학기술학자 라투르는 실험실 참여 관찰을 통해 사실을 해체함으로써, 만들어지는 과학을 보여주었다. 즉 라투르에게 실험실은 과학적 사실이 만들어지는 과정을 볼 수 있고, 확고하다고 여기지만 블랙박스 상태인 과학적 사실을 열어젖히는 마법의 열쇠였다.

라투르 이후 실험실에서 인류학적 연구를 수행하는 일이 과학기술학 분야에서 일종의 유행이 되었다.《실험실 생활》을 모델로 해서 많은 과학기술학 연구자들이 실험실을 찾아가 그곳에서 2~3년씩 머물며 과학적 사실이 어떻게 만들어지는지를 연구하기 시작했다. 과학기술학 분야의 초기 박사학위 중 여럿이 이런 연구에서 나왔다. 그런데 바로 그 시점에 라투르는 실험실에 대해 다른 생각을 하기 시작했다. 그 계기는 파스퇴르였다.

6장

내게 실험실을 달라, 그러면…

어렸을 때 읽었던 세계위인전집에는 루이 파스퇴르가 거의 항상 등장했다. 위인전에서 파스퇴르는 당시 과학계에서 제대로 된 대접을 받지 못하던 사람으로 나온다. 파스퇴르를 시기하고 무시하던 과학자들은 그가 동물에게 치명적인 탄저병을 예방할 수 있는 백신을 만든 것도 믿지 않는다. 파스퇴르는 자신을 불신하는 과학계 사람들을 설득하기 위해 1881년 5월 푸이르포르Pouilly-le-Fort의 한 농장에서 위험한 실험을 감행한다. 파스퇴르는 양 24마리, 염소 1마리, 소 6마리에게 백신을 접종하고, 다른 양 24마리, 염소 1마리, 소 4마리에게는 백신을 접종하지 않았다. 그리고 이 동물 모두에 무서운 탄저균을 주입했다.

몇 주 뒤 파스퇴르는 200여 명을 불러 모아놓고 두 동물 집단이 어떻게 되었는지를 공개한다. 백신을 맞지 않은 양과 염소는 대부분 죽었다. 몇 마리는 사람들이 보는 앞에서 피를 쏟으면서 쓰러졌다. 덩치 큰 소 몇 마리가 간신히 생존해 있었지만, 이들마저 탄저병으로 인한 심각한 마비 증상을 보인다. 반대로 백신을 맞은 동물들은 모두 팔팔하게 살아서 돌아다녔다. 이 두 집단의 대조는 너무나 뚜렷해서 백신의 효력을 믿지 않았던 사람들을 백신의 신봉자로 만들었다. 농민들은 너도나도 파스퇴르의 백신을 구해서 가축에 접종했고, 파스퇴르는 프랑스 농촌을 탄저병의 위협으로부터 구한 영웅이 된다. 이 이야기는 너무나 감동적이라 어떤 아이들은 이 부분에서 눈물을 흘리기도 한다. 아마 과학의 역사를 통틀어 이보다 더 극적인 실험도 별로 없을 것이다.

◆

소크 연구소에서 생화학자들을 연구했던 라투르는 《실험실 생활》을 탈고한 뒤에 파스퇴르로 연구 주제를 옮겼다. 그는 몇 년 동안 파스퇴르를 연구해 1984년에 프랑스어로 《파스퇴르: 세균의 전쟁과 평화Pasteur: guerre et paix des microbes》를 썼다. 이 책은 1988년에 하버드 대학교 출판부에서 《프랑스의 파스퇴르화The Pasteurization of France》라는 제목으로 출판됐다. 그는 책을 내기 전인 1983년에 자신의 주장을 요약해서 〈내게 실험실을 달라, 그러면 지구를 들어올리겠다〉라는 논문을 출판했다.[1] 이 일련의 저술에서 라투르는 이전의 《실험실 생활》을 훨씬 뛰어넘는 과감한 주장을 한다. 그의 새로운 주장은 테크노사이언스가 작동하는 과정에서 실험실의 중요성을 몇 배는 더 격상시키는 것이었다.

푸이르포르에서 한 실험을 다시 살펴보자. 이 실험을 목도한 많은 이들은 이를 마술 같다고 생각했다. 여기서 파스퇴르는 과학자라기보다는 빈 상자를 덮은 커튼을 젖히면서 그 속에서 비둘기나 토끼, 호랑이를 꺼내는 마술사 같다. 물론 파스퇴르는 마술사가 아니라 과학자였으며, 그를 마술사라고 생각한 사람들은 과학의 힘을 잘 몰랐던 사람이라고 볼 수도 있다. 그런데 좀 자세히 살펴보면 파스퇴르와 마술사 사이에 주목해야 할 공통점이 있다. 마술사가 마술을 공연하기 전에 무대에 여러 가지 장치를 치밀하게 설치하고 이를 사전에 꼼꼼하게 점검하듯이, 파스퇴르도 그랬다. 그는 자신의 통제된 실험실에서 이미 백신의 효능을 검증했다. 그의 성공은 실험실에서의 성공을 세심하게 농장으로 옮긴 것뿐이었다.

문제는 실험실과 달리 푸이르포르의 농장에서는 여러 돌발변수가 생길 수 있다는 점이었다. 일례로 백신을 주사한 동물들이 다른 엉뚱한 이유로 죽을 수도 있었다. 파스퇴르는 이런 돌발변수들이 자신의 '쇼'를 망치지 않게 세심한 주의를 기울였다. 농장이라는 시연의 무대 뒤에는 파리의 파스퇴르 실험실이 있었다. 이 사실을 모르던 사람에게는 파스퇴르의 백신이 마술 같았지만, 사실 이것은 잘 기획된 시연이었다.

그렇다면 파스퇴르의 실험실에서는 어떤 일이 일어났던 것일까? 라투르는 이 문제에 주목했다. 파스퇴르의 실험 대상은 콜레라균,

탄저균, 광견병균 같은 세균이었다. 원래 인간은 세균에 무력했다. 콜레라가 돌면 한 도시에서만 수만 명이 사망했다. 1830년대 콜레라는 파리에서만 2만 명, 프랑스 전역에서 10만 명의 목숨을 앗아갔다. 인간은 눈에 보이지 않는 세균 앞에서 속수무책이었다. 바깥세상에서 세균은 인간보다 훨씬 더 힘이 셌다. 그러다가 19세기 후반에 세균의 존재가 막 알려지기 시작하고, 유럽의 여러 세균학자가 세균을 먼저 발견하고 배양하는 경쟁을 하게 되었다.

세균학자들은 세균을 실험실로 가지고 들어왔고, 실험실 내에서 인간과 세균의 힘을 역전시키는 방법을 발견했다. 파스퇴르는 눈에 보이지 않는 세균을 배양해서 페트리접시 위에서 세균 군체群體, colony를 만들었다. 이렇게 세균을 눈에 보이도록 만들고 나니, 이를 약화시키기 위한 여러 방법을 동원할 수 있었다. 이렇게 해서 파스퇴르는 무서운 세균을 길들일 수 있게 됐는데, 이는 오직 그의 실험실 내에서만 가능한 일이었다. 즉 파스퇴르의 실험실에서는 파스퇴르가 세균보다 강했다. 실험실은 인간과 비인간 사이에 힘의 역전이 일어나는 공간이었다.

앞에서도 말했듯이, 파스퇴르는 푸이르포르에서 할 실험을 위해 실험실에서 얻은 조건을 아주 조심스럽게 확장했다. 양, 염소, 소가 풀을 뜯어 먹는 농장이 그의 실험실과 비슷한 상태가 된 것이다. 우리는 이를 두고 '농장을 실험실화laboratorization했다'고 말할 수 있을 것이다. 여기서 실험실화라는 개념은 과학자의 통제가 미치지 못하던 대상을 과학자의 통제하에 두는 데 성공했다는 의미이다. 파스퇴

르는 이 실험이 성공한 뒤에 여러 농장에 백신을 공급했다. 프랑스 농촌에 있는 가축들이 백신을 맞으면서, 그는 한 농장만이 아니라 프랑스의 전 농장을 실험실화하기 시작한 것이다.

1885년에 파스퇴르는 광견병 백신을 만들어 미친개에게 물린 소년에게 주사했다. 그 결과 또한 대성공이었다. 광견병에 걸렸을까봐 걱정하던 사람들은 파스퇴르의 연구소에 찾아와서 서로 백신을 놓아달라고 간청했다. 사람들은 광견병의 공포에서 해방되었고, 의사가 아니라 수의사였던 파스퇴르는 프랑스의 어느 의사보다도 유명

파스퇴르는 프랑스의 전 농장을 실험실화했다.

한 의사가 되었다. 파스퇴르는 이제 이렇게 말하고 싶었을지 모른다.

'농장을 건강하게 유지하고 싶으면 내 실험실을 거쳐가라.'
'프랑스 국민의 건강을 유지해서 국력을 지키고 싶으면 내 실험실을 거쳐가라.'
'자식을 건강하게 키우고 싶으면 내 실험실을 거쳐가라.'

라투르가 파스퇴르를 연구하고 1983년에 낸 논문 제목은 〈내게 실험실을 달라, 그러면 지구를 들어올리겠다〉였다. 고대 과학자이자 기술자인 아르키메데스는 "내게 지레와 발판을 달라, 그러면 지구를 들어올리겠다"라고 말했다. 아르키메데스 이후에 지레는 적은 힘을 사용해서 세상을 움직이는 행위를 상징하는 말이 되었는데, 라투르는 같은 의미로 지레 대신에 실험실을 달라고 한 것이다. 파스퇴르의 실험실은 그 누구도 하지 못했던 방식으로 세상을 들어올렸다.

라투르는 이렇게 세상 사람들이 전부 거쳐가야 하는 장소나 사물을 "의무통과점 obligatory passage point, OPP"이라고 불렀다. 아이를 낳으

면 거의 의무적으로 백신을 맞히기 때문에 백신은 의무통과점이다. 전 세계 사람들이 아이에게 백신을 맞힐 때마다, 백신을 개발한 파스퇴르의 인지도는 높아졌다. 지금은 여러 회사에서 백신을 만들지만, 예전에는 파스퇴르의 실험실만 백신을 제조할 수 있었다. 이런 의미에서 파스퇴르의 실험실도 의무통과점이었다. 실험실은 의무통과점을 만들어내는 곳이었다.

19세기 후반에 영국 케임브리지 대학교에 설립된 캐번디시 연구소Cavendish Laboratory에서는 저항의 단위를 측정하는 일을 열심히 수행했다. 당시 제임스 클러크 맥스웰James C. Maxwell, 레일리 경Lord Rayleigh, J. J. 톰슨Joseph John Thomson처럼 유명한 과학자들이 소장을 역임했던 연구소에서 했던 일치고는 초라해 보인다. 그렇지만 당시에 저항의 단위는 지금 우리가 생각하는 것보다 훨씬 더 중요한 의미가 있었다. 영국의 전신電信은 본국과 전 세계에 퍼져 있던 영국 식민지를 거미줄처럼 이어서 매년 수백만 통의 메시지를 전달하고 있었는데, 수십에서 수백 킬로미터를 가로지른 전신선 어딘가에 문제가 생겼을 때(절연 물질이 망가져서 전류가 새는 것 같은) 그 위치를 알아내려면 정확한 표준저항이 필요했다. 다시 말하면 당시 캐번디시 연구소에서 수행했던 표준저항 측정은 영국 제국을 유지하는 데 없어서는 안 될 연구였다. 라투르는 이렇게 세계적인 네트워크가 잘 작동하기 위해서 그 중심에서 표준 같은 것을 만들어내고 이를 테스트하는 실험실을 "계산의 중심centre of calculation"이라고 불렀다.[2]

사회학자들은 '권력'의 본질이 무엇인지를 오랫동안 논의했다. 만약에 누군가가 사람들이 백신을 맞도록 만들었다면, 그도 권력을 가졌다고 할 수 있다. 사회학자들은 권력이 카리스마를 가진 인물이나 권력 기관, 규율 같은 것에서 나온다고 생각한 데 반해 라투르는 백신이나 표준저항 같은 인공물에 주목한 것이다. 인간은 백신과 연합하면서 과거에는 없었던 인간, 즉 특정한 세균에 항체를 가진 인간으로 변한다. 세균은 백신이 되면서 인간을 죽이는 존재에서 인간을 살리는 존재로 탈바꿈한다. 이렇게 인간과 세균의 새로운 연합을 만들어내는 곳이 바로 실험실이었다. 파스퇴르는 백신으로 프랑스를 실험실화하면서, 스스로 모든 프랑스인이 거쳐가야 하는 존재로 거듭났다. 이것이 그의 책 영문판 제목 '프랑스의 파스퇴르화'의 의미이다.

실험실은 인간과 비인간 사이에 혼종 네트워크가 생겨나는 곳이다. 실험실에서 생긴 네트워크는 보통은 인공물 형태로 실험실 밖으로 나온다. 이것은 또 다른 인간-비인간 네트워크를 만들어낸다. 성장하던 네트워크의 일부는 인공물 같은 형태로 블랙박스화된다. 이런 블랙박스는 사람들이 반드시 거쳐가야 하는 의무통과점이 되기도 한다. 이렇게 네트워크는 계속 성장한다. 반대로 네트워크가 조금 성장하다가 안정화되거나 공고해지지 못하고 허물어진다면, 이는 실험실이 의무통과점의 기능을 제대로 못 했기 때문이다.

새롭게 탄생한 네트워크가 성장하기 위해서는 이미 만들어져서 잘 작동하고 있는 네트워크를 비집고 들어가야 한다. '당신이 내 편이 되면 더 많은 혜택을 얻을 수 있다'는 식으로 기존의 네트워크에

속해 있는 사람이나 기관을 설득해야 한다. 따라서 유능한 과학자는 실험실에서 연구만 잘하는 사람이 아니라, 기존 네트워크의 약점을 찾아서 이를 공략하고, 동시에 사람들을 자신의 네트워크로 끌어들이는 일을 하는 사람이다. 실험실에서 비인간과 힘겨루기를 하면서, 실험실 밖에서는 연구비 수주, 기업가나 관료를 대상으로 한 설득, 자신의 연구에 대한 정당화, 인력 관리, 과학자 사회와 시민을 대상으로 한 홍보 등을 매끄럽게 잘해야 한다. 얼핏 실험실은 바깥세상과 엄격하게 유리된 듯 보이지만, 자세히 들여다보면 과학자는 실험실 내부에서는 실험에 열중하고, 실험실 외부에서는 실험실이 잘 돌아갈 수 있게 분주하게 움직인다. 이를 잘 해내는 과학자가 뛰어난 과학자다.[3]

♦

연구비 수주, 기업가나 관료 설득, 연구 정당화, 인력 관리, 적극적인 홍보. 이런 이야기를 들으니 생각나는 사람이 있지 않은가? 황우석 박사. 그는 2004년에는 세계 최초로 배아복제 줄기세포를 만들었다고, 2005년에는 환자 맞춤형 줄기세포를 만들었다고 공표했다. 이런 소식은 우리나라는 물론 전 세계를 들뜨게 했지만, 나중에 이런 줄기세포는 존재하지 않았던 것으로 밝혀졌다. 그렇지만 그가 몰락하기 이전에 보여줬던 모습은 라투르가 묘사한 성공적인 과학자와 비슷한 점이 있다. 물론 황 박사는 실험실에서 실험하는 데 열중

하지 않고 오로지 외부의 정치적, 재정적 후원 네트워크를 만드는 데에 힘썼지만 말이다.

사실 파스퇴르와 황우석은 닮은 점이 또 있다. 이를 이해하기 위해서는 파스퇴르 실험의 은밀한 내면을 봐야 한다. 오랫동안 공개되지 않았던 파스퇴르의 실험 기록들을 처음으로 심층 분석한 과학사학자 제럴드 기슨Gerald Geison은, 파스퇴르가 세상에 공개한 업적과 실제 실험실에서 얻은 결과에 꽤 차이가 있다는 것을 발견했다. 기슨은 이런 발견을《루이 파스퇴르의 사적 과학The Private Science of Louis Pasteur》(1995)이란 책으로 출판했다.[4] 이 책은 학계에 큰 충격을 안겨주었고, 파스퇴르를 영웅으로 생각한 과학자들을 매우 불쾌하게 했다. 맥스 퍼루츠Max Perutz 같은 저명한 생물학자는 파스퇴르가 아니라 파스퇴르를 파렴치범으로 만든 기슨이 비윤리적이라고 비난을 퍼붓기도 했다.

파스퇴르의 '사적private' 과학은 그를 유명하게 만든 푸이르포르의 시연에서 가장 잘 드러난다. 당시 파스퇴르가 이런 극적인 실험을 한 것은 병리학자인 장 조제프 투생Jean Joseph Toussaint을 상대로 한 경쟁심 때문이었다. 투생도 파스퇴르처럼 탄저병 백신을 만들기 위해 노력했고, 실제로 병균을 화학약품으로 처리해서 독성이 없어진 백신을 먼저 만들었다. 투생은 자신의 결과를 1880년에 발표했는데, 이는 파스퇴르보다 앞선 것이었다. 하지만 파스퇴르는 화학약품으로 세균을 처리해서는 백신을 만들 수 없고, 세균을 공기 중에 오래 노출해 약화시켜야만 만들 수 있다며 투생을 강하게 비판했다. 자신의 이론이 옳고 투생이 틀렸음을 보이기 위해서 푸이르포르 농장의 시연을 준비했던 것이다.

푸이르포르 시연이 성공적으로 끝나자 사람들은 투생이 틀렸고 파스퇴르가 맞다고 믿게 됐다. 그런데 파스퇴르는 세균을 공기에 노출하는 방법이 아니라 투생이 썼던 화학약품으로 처리하는 방법을 사용했다. 자신의 방법은 아직 미완성이었고 더 많은 실험이 필요했기에, 경쟁자인 투생의 방법을 사용한 것이다. 차이가 있다면 투생이 사용한 것과 다른 약품을 썼다는 것뿐이다. 파스퇴르는 사람들에게 "운은 준비된 사람에게 깃든다", "행운은 대담한 자에게 찾아온다"라고 하면서, 자신이 이전에 공기 중에서 세균을 약화시키는 방법으로 만든 닭 콜레라 백신과 같은 방법을 사용했다고만 답했다. 투생과 비슷한 방법을 썼다는 것을 감추려 한 것이다. 이 극적인 실험 이후에 파스퇴르는 영웅이 되었고, 탄저병 백신의 발명자는 파스퇴르로 각인됐다. 투생은 정신적으로 피폐해지고 가난에 시달리다가 43세라는 젊은 나이에 세상을 떠났다.

광견병 백신의 발명과 관련해서도 파스퇴르는 윤리적이지 않았다. 파스퇴르와 함께 광견병 백신 실험을 했던 에밀 루Emile Roux는 실험을 더 해야 한다고 주장했지만, 파스퇴르는 사람을 대상으로 한 실험을 재촉했다. 루의 반대에도 아랑곳하지 않고 파스퇴르는 개에 물린 조제프 마이스터Joseph Meister라는 소년과 장바티스트 쥐필Jean-Baptiste Jupille이라는 소년에게 광견병 백신을 주사했다. 파스퇴르가 의사가 아니라는 점 말고도 이 결정은 윤리적으로 큰 문제가 있었다. 우선 이들을 문 개가 광견병에 걸렸다는 증거가 없었다. 병에 걸린 개가 아니라면 멀쩡한 아이들에게 효능이나 부작용을 모르는 백신을 주사한 셈이다. 반대로 광견병에 걸린 개라면 발병할 수도 있는 상황인데, 백신에 부작용이 있다면 상태가 더 위험해질 수도 있었다. 다행히 이 환자들에게는 문제가 없었고, 파스퇴르는 과학아카데미에서 광견병 백신이 매우 성공적으로 작동했다고 공표했다.

파스퇴르는 성공을 위해서 경쟁자를 무참하게 짓밟거나 아직 연구가 덜 된 백신을 사람에게 직접 쓰는 것도 마다하지 않았다. 그는 과학적으로 증명된 것을 사용해야 한다고 생각하는 사람이 아니었다. 대신 '잘 작동하면 그것이 참이고, 그것이 과학이다'라고 생각한 사람이다. 그는 자신의 연구가 성공하는 것 말고는 관심이 없었던 사람처럼 보인다. 그런데 파스퇴르를 상세하게 분석한 라투르가 파스퇴르의 이런 면에 대해서는 거의 아무런 언급을 하지 않았다는 사실은 흥미롭다. 라투르는 파스퇴르가 길들이려고 했던 세균에 대해서는 자세히 이야기했지만 파스퇴르가 밟고 올라섰던 경쟁자들, 파스퇴르의 환자, 파스퇴르의 비윤리적인 행동에 대해서는 별반 관심을 두지 않았다.

이것은 단순한 우연이 아닐 수 있다. 파스퇴르가 백신을 통해 세상을 파스퇴르화하겠다는 일념으로 자신이 사소하다고 생각한 경쟁자들의 명예, 임상 의료 윤리 규정 등을 무시했듯이, 라투르도 실험실을 중심으로 인간-비인간 사이의 혼종 네트워크 확장만을 분석하는 과정에서 이런 네트워크에 자연스럽게 포함되지 않는 존재들에 대해서는 무심했을 수 있다. 영웅적인 과학자가 새로운 인간-비인간 네트워크를 만들 때, 경쟁자의 명예나 의료 윤리는 네트워크의 변방으로 밀려나간다. 황우석의 경우도, 파스퇴르의 경우도 그랬다.

♦

과학에는 늘 영웅적인 과학자, 의무통과점, 계산의 중심, 블랙박스가 필요한 것일까? 피터 모건Peter Morgan이라는 발명가가 만든 '짐바브웨 부시 펌프 B타입'은 짐바브웨의 수많은 시골 지역에 깨끗한 물을 공급하는 고마운 펌프다. 이곳 사람들은 이 펌프 없이는 며칠 버티기도 힘들다. 그런데 이 펌프를 만든 발명가는 자신만의 실험실에서가 아니라, 지역 주민들의 목소리를 들어가면서 지역 주민들과 함께 펌프를 만들었다. 그는 자신이 펌프의 발명가라고 불리는 것도 원치 않았고, 발명에 대한 어떤 특허나 이득도 취하지 않았다. 게다가 이 펌프에는 표준적인 부품들이 없다. 펌프는 마을 주민들이 직접 설치할 수 있고, 망가졌을 때도 주민들이 현지에서 조달 가능한 부품들로 수리할 수 있다. 한마디로 '계산의 중심' 같은 실험실이 없어도 부시 펌프는 짐바브웨 전역에서 잘 돌아간다는 뜻

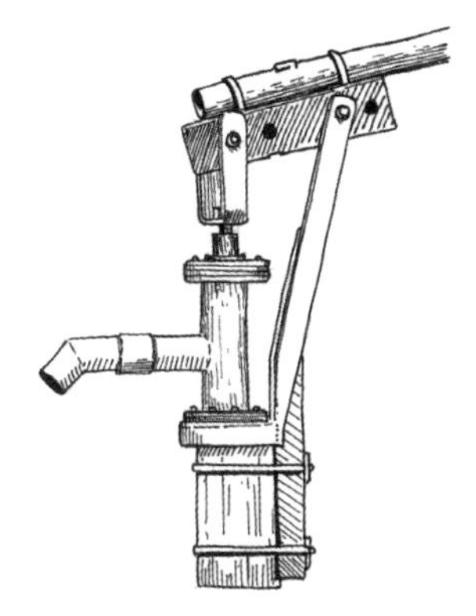

짐바브웨 부시 펌프

이다. 아니, 오히려 실험실이, 표준이, 한 명의 영웅적인 엔지니어가 없기에 조금씩 다른 지역 환경에 따라 다른 펌프가 만들어지고, 이것들이 개별 공동체에 가장 적절한 방식으로 유지되고 보수되면서 잘 돌아가는 것이다.

부시 펌프 사례는 과학기술학계에 잘 알려져 있지만,[5] 라투르는 이에 대해서 한마디도 하지 않았다. 그가 이 이야기를 들었다면 '부시 펌프는 짐바브웨이기 때문에 네트워크의 중심에 실험실이 없어도 잘 작동했다. 프랑스에서는 그러기 힘들 것이다'라고 했을지 모른다. 그런데 거꾸로 이야기할 수도 있다. '파스퇴르의 실험실은 프랑스였기 때문에 잘 작동했다. 짐바브웨에서는 그럴 수 없을 것이다'라고 이야기할 수도 있다. 만약 이 두 분석이 모두 옳다면, 우리는 성공적인 테크노사이언스의 모습이 한 가지만은 아니라는 것, 성공적인 실험실이 되기 위해서 꼭 다른 사람의 우선권을 빼앗고 모든 공을 자기가 독차지할 필요는 없다는 것을 알 수 있다. 과학의 모습이 하나가 아니듯이, 실험실도 한 가지 얼굴만은 아닌 것이다.

3 부

열린 실험실에서 닫힌 실험실로

from
Alchemy

The Evolution of the Laboratory

to
Living Lab

7장

로버트 보일의 열린 실험실

로버트 보일

로버트 보일은 기체의 압력과 부피가 반비례한다는 '보일의 법칙'을 발견한 사람으로 알려진 화학자다. 그런데 사실 과학의 역사에서 보일의 업적은 교과서에 나오는 것보다 훨씬 더 크다. 보일은 1661년에 《회의적 화학자The Sceptical Chymist》라는 책을 쓰는데, 일반적으로 이 책은 연금술을 비판하면서 근대 화학을 연 책으로 꼽힌다. 보일이 이 책에서 근대적인 원소element 이론을 주장했다는 평가 때문이다. 또 보일은 진공펌프를 만든 뒤에 진공을 가지고 여러 가지 실험을 해서 진공의 특성을 밝혔고, 물의 어는점, 물체의 비중, 색깔, 전기와 관련한 많은 실험을 통해 그 성질을 규명했다. 세상이 물질과 그 운동으로만 이루어져 있다는 입자 철학을 주창했고, 실험에는 신을 경배하는 종교적 의미가 있다는 믿음을 설파하기도 했다.

그는 많은 사람의 존경을 받았으며, 지위가 높거나 유명한 사람에게 따라붙게 마련인 적敵이나 시기하는 사람도 없었다고 알려져 있다. 보일은 독실한 기독교도에다 아주 성실한 사람이었고, 왕립학회의 창립 회원이었으며, 베이컨의 실험 전통을 부활시켜 실험과학을 정착시키는 데 크게 이바지한 인물이다. 그렇지만 보일은 이런 근대과학자의 모든 특징을 갖추고도 일반 금속으로 금을 만들 수 있다고 믿었던 연금술사의 전통을 계승하고 있었고, 실제로 금을 만들기 위해 실험을 했으며, 성공적으로 미량의 금을 만들었다는 기록을 남기기도 했다. 보일이 주장했다는 근대적인 원소 이론 또한 지금 우리가 알고 있는 원소 이론과는 매우 다른 것으로, 보일의 연금술에 대한 믿음을 과학적으로 정당화한 이론에 가까웠다.

1627년 아일랜드의 백작 집안에서 태어난 보일은 어릴 때 가정교사에게 교육을 받은 뒤에 유럽을 다니면서 다양한 경험을 쌓았다. 유럽 여행에서 과학에 깊은 흥미를 느끼고 아일랜드로 돌아오지만, 아일랜드에서 과학 연구를 지속하기가 아주 어렵다는 걸 알게 된다. 그 후 잉글랜드의 스톨브리지에 있는 아버지의 영지로 거주지를 옮기고는 이 영지에 화학 실험실을 만들어놓고 10년 동안 실험에 몰두했다. 1658년에는 다시 옥스퍼드로 거주지를 옮겼다. 옥스퍼드 집에는 따로 화학 실험실을 만들지 않았지만, 응접실에 진공펌프로 실험할 수 있는 공간을 마련해두고 진공에 관한 실험을 했다. 당시 보일의 진공 실험을 보기 위해서 여러 과학자가 보일의 집을 방문했는데, 이 시기에 진공펌프를 제작하고 실험을 도왔던 사람이 나중에 유명해진 로버트 훅이다. 보일은 1660년에 진공펌프 실험 결과를 담은 소책자를 출간하고, 진공을 받아들이지 않는 사람들과 격렬한 논쟁을 벌이게 된다.

이후 1668년에 보일은 런던의 누이 집으로 이주했다. 이 집은 두 채가 붙어 있는 형태였는데, 보일은 그중 한 채에 살면서 자신의 집 뒷마당에 실험실을 만들었다. 보일의 실험실은 집과 이어져 있었지만 집의 현관문을 통하지 않고 거리에서 바로 들어갈 수 있었다. 이 시기에 보일은 증류법을 이용해서 인燐을 만들어내는 데 관심이 많았고, 1680년에 손쉬운 방법으로 인을 제작하는 데 성공했다. 보일의 실험을 도왔던 조수는 이 비법을 알아내서 인을 판매해 돈을 벌기도 했다.

보일은 집에 있는 실험실에서 얻은 결과를 책이나 논문으로 발표했다. 그런데 어떻게 그의 실험을 직접 보지 않았던 다른 과학자들도 그 결과를 믿을 수 있었을까? 과거에는 알려지지 않았던 새로운 실험 결과가 나왔을 때, 보일은 어떻게 그 결과를 동료 과학자들이 받아들이게 했을까? 이 결과는 그가 꾸며낸 것이 아니라 실험을 통해 얻은 것이니 믿으라고만 하면 됐던 것일까? 실험은 사적인 공간에서 보일이라는 개인이 수행한 작업이다. 반면에 그 결과는 공적인 공간에서, 과학자들이라는 집단을 대상으로 발표된다. 실험하고 결

과를 발표하던 보일도 어느 시점에 이런 딜레마를 느꼈던 듯하다.[1]

보일의 논문에는 이 문제를 극복하기 위해 애쓴 흔적들이 보인다. 우선 그가 채택한 방법은 많은 사람이 자신의 실험을 지켜보았다고 기록하는 것이었다. 진공펌프의 유리구 속에 새를 넣고 공기를 빼자 새가 점차 기운을 잃다가 죽는 것을 발견하고 그는 이 실험을 여러 번 반복했다. 왜 새가 죽는지가 분명치 않았기 때문이다. 그리고 이를 기록할 때 숙녀와 신사들, 의사와 수학자들이 이 실험을 목격했다고 썼다. 진공펌프를 이용해서 토리첼리의 수은주 실험을 재현한 경우는 "유명한 수학 교수들, 월러스 박사, 와드 박사, 그리고 미스터 렌"이 보고 있는 가운데 실험했다고 이름까지 공개했다. 보일은 독자에게 자신은 물론 이런 목격자들 모두가 젠틀맨이고, 따라서 거짓말을 할 사람들이 아니라는 믿음을 심어주려고 한 것이다.

보일이 사용한 또 다른 방법은 실험의 시시콜콜한 내용까지 전부 기록해서 보고하는 것이었다. 보일은 진공 속의 새에 대한 실험을 보고하면서, 공기를 빼니까 새가 발작을 일으키기 시작했고, 구경하던 한 사람이 실험을 멈추게 하고 새를 구해줬다는 이야기를 적었다. 또 실험을 지켜보던 여자들이 새를 불쌍해하면서 실험을 멈춰달라고 애원했다는 이야기를 쓰기도 했다. 이렇게 사람들이 자꾸 실험을 방해하자, 밤중에 아무도 없을 때 새를 유리구에 넣고 실험을 했다고 기록

진공펌프 속의 새

했다. 이렇게 시시콜콜한 것까지 보고하면, 독자는 보일이 거짓말을 한다고는 좀처럼 생각하지 않을 것이었다.

그 밖에 실패한 실험까지 자세하게 기록하는 방법도 썼다. 1644년에 이탈리아 과학자 토리첼리는 한쪽이 막힌 유리관에 수은을 채우고 이를 다시 수은이 담긴 그릇 위에 세웠을 때, 수은주가 29인치(약 76센티미터)가 되는 지점까지 내려오다가 멈추고, 유리관 윗부분에 공간이 만들어지는 것을 발견했다. 당대의 과학자들은 왜 이런 현상이 나타나는지, 그리고 유리관에 생긴 공간은 무엇인지에 대해서 격론을 벌였다. 진공을 받아들였던 과학자들은 이 위의 공간이 진공이라고 해석했지만, 진공을 받아들이지 않았던 과학자들은 이 공간에 수은 가스가 꽉 차 있다고 주장했다. 보일은 수은주의 높이는 대기압을 보여주는 것이며, 수은주 위의 공간은 진공이라고 생각했던 사람이다.

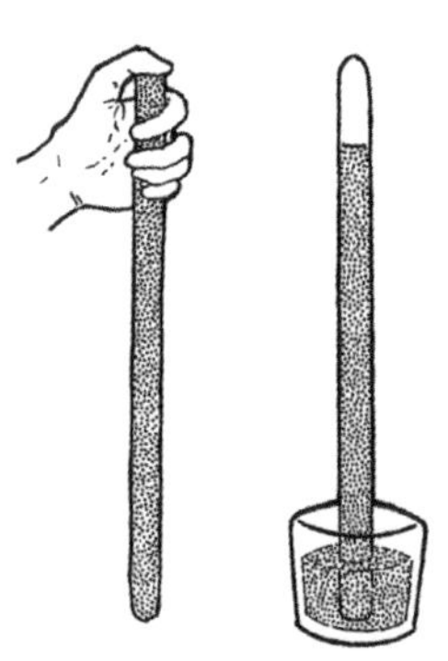
토리첼리의 실험

그는 이 유리관 위의 공간이 진공임을 보이기 위해 수은주를 진공펌프 속에 넣고 실험을 했다. 수은주는 꽤 길었기 때문에 진공펌프의 뚜껑을 열어 수은주를 위로 뽑아낸 뒤에 뚜껑 부분을 완벽하게 다시 밀봉해야 했다. 보일은 펌프를 작동시켜서 진공을 만들면 기압이 없어지고, 그러면 수은주가 바닥까지 내려올 거라고 예상했다. 당시 진공펌프로 진공을 만드는 일은 고된 일이었다. 온종일 크랭크를 돌려야 할 때도 있었다. 만족스러운 진공을 만들자 과연 수은주의 높이가 떨어졌다. 수은주가 바닥까지 내려가지는 않았지만, 바닥에서 1인치(2.54센티미터) 정도 올라간 곳까지 내려갔다. 이는 보일이 만들어낸 공간이 진공임이 확실하다는 것을 보여주는 증거였다.

곧이어서 보일은 이와 비슷한 실험으로 '진공 속의 진공' 실험을 설계했다. 매끈한 대리석 두 조각을 붙이면 잘 떨어지지 않는데, 과학자들은 그 이유가 붙은 대리석 두 장 사이에서 공기가 빠지면서 진공이 만들어졌기 때문이라고 생각했다. 독일 과학자 오토 폰 게리케Otto von Guericke는 놋쇠로 만든 반구 두 개를 붙이고 진공펌프를 이용해서 공기를 빼내자 이 반구 두 개가 딱 달라붙는 것을 발견했다. 말을 여덟 마리나 동원해야 이 둘을 뗄 수 있었는데, 딱 붙은 대리석이 잘 떨어지지 않는 것도 게리케의 반구 경우와 비슷하다고 해석한 것이다. 그렇다면 이 대리석을 진공 유리구 속에 넣으면 어떻게 될까? 대리석 주변에 공기의 힘이 작용하지 않으니 대리석은 쉽게 떨어질 것이었다. 보일은 이렇게 추론한 뒤에 실제 실험을 진행했다.

그런데 이번에는 실험 결과가 보일의 예상을 벗어났다. 열심히 진공을 만들었지만 대리석은 딱 붙어서 떨어지지 않았다. 보일은 대리석이 떨어지지 않은 이유는 자신의 진공펌프가 불완전해서 공기가 새 들어왔기 때문인데, 공기가 조금만 있어도 원래 공기가 가졌던 탄성spring 때문에 공기가 대리석을 밀어 이 둘을 붙은 상태로 유지시켜준다고 설명했다. 실험은 생각대로 되지 않았지만, 보일은 이 실패한 실험도 매우 상세하게 보고했다. 실패한 실험에 대한 이런 보고는 성공한 실험에 대한 설득력을 높여주었다. 독자들은 자신의 실패를 솔직하게 인정하는 사람이 성공을 조작할 리가 없다고 생각했을 것이기 때문이다.

보일은 진공 속에서 불을 피우는 실험도 했다. 실험 전에 보일은 진공 속에서 불이 더 잘 타리라고 예상했다. 불이 타면서 나오는 가스가 아무것도 없는 진공으로 바로 빨려 들어간다고 가정했기 때문이다. 그런데 불을 피우고 진공을 만들자 불꽃이 더 잘 타기는커녕 점점 약해지다가 금방 꺼지는 것을 발견했다. 자신의 가설과 상반되는 결과를 얻은 것이다. 지금 우리는 그 이유가 진공 속에는 산소가 없기 때문이라는 것을 알고 있지만 산소는 100년 뒤에나 발견될 기체였다. 이 이유를 확실하게 이해하진 못한 채 보일은 자신의 예상과 다른 결과가 나온 이 실험도 상세하게 보고했다.

보일이 실험을 보고했던 방식은 요즘 과학 논문의 형식과 매우 다르다. 요즘의 논문은 연구 방법을 쓰고, 간결하게 실험 결과만을 보고한 뒤에, 이에 대해 분석과 토론을 한다. 자신이 한 실험에 대해서 시시콜콜한 것까지 모두 쓰지 않는다. 특히 실패한 실험 같은 것은 절대로 논문이나 보고서에 쓰지 않는다. 요즘은 실패한 실험을 적으면 연구자의 능력이 부족하다고 판단한다. 그런데 보일은 왜 그랬을까? 글을 간결하게 쓰는 재주가 없어서 그랬을까? 아니면 당시에는 아직 과학 논문을 쓰는 방법이 정립되어 있지 않았기 때문일까?

보일의 진공 실험에 대해서 아주 자세하게 분석한 과학사학자 스티븐 셰이핀은 보일의 스타일에는 이유가 있다고 생각했다. 셰이핀은 보일이 자신의 실험을 목격했던 사람을 언급하고, 실험의 시시콜콜한 세부사항을 모두 적고, 실패한 실험까지 기록한 것은 자신의 실험이 믿을 만한 것이라는 인상을 독자에게 심어주기 위해서라고 주장했다. 동료 과학자들은 보일의 논문이나 책을 읽다 보면 마치 보일이 했던 실험이 눈앞에 펼쳐지면서 이 실험을 스스로 재현하는 것 같은 느낌을 받았는데, 셰이핀은 이를 "가상의 목격virtual witnessing"이라고 불렀다. 즉 보일의 산만한 스타일은 사적인 공간인 자신의 실험실에서 했던 실험 결과를 공적인 공간인 과학자 공동체가 수용하도록 만들기 위한 장치라는 것이다. 셰이핀은 이런 장치를 "문필적 기술literary technology"이라고 불렀다. 보일의 실험실에서 볼 수 있는 기술에는 진공펌프 같은 하드웨어만이 아니라, 문필적 기술 같은 소프트웨어도 있었던 것이다.

♦

보일의 진공 실험은 여러 가지 비판을 넘어서야 했다. 아리스토텔레스주의자들은 펌프로 만든 진공은 자연이 아니라 인공이라고 비판했다. 우리 주변의 자연에서는 아무리 찾아봐야 진공을 찾을 수 없다는 것이다. 보일과 동료들은 이런 비판에 대해서, 우리가 사는 지구에는 진공이 없을지 몰라도 우주에는 진공이 있다고 대답했다. 앞에서 언급한 토리첼리의 수은주를 들고 높은 산에 올라가면 수은

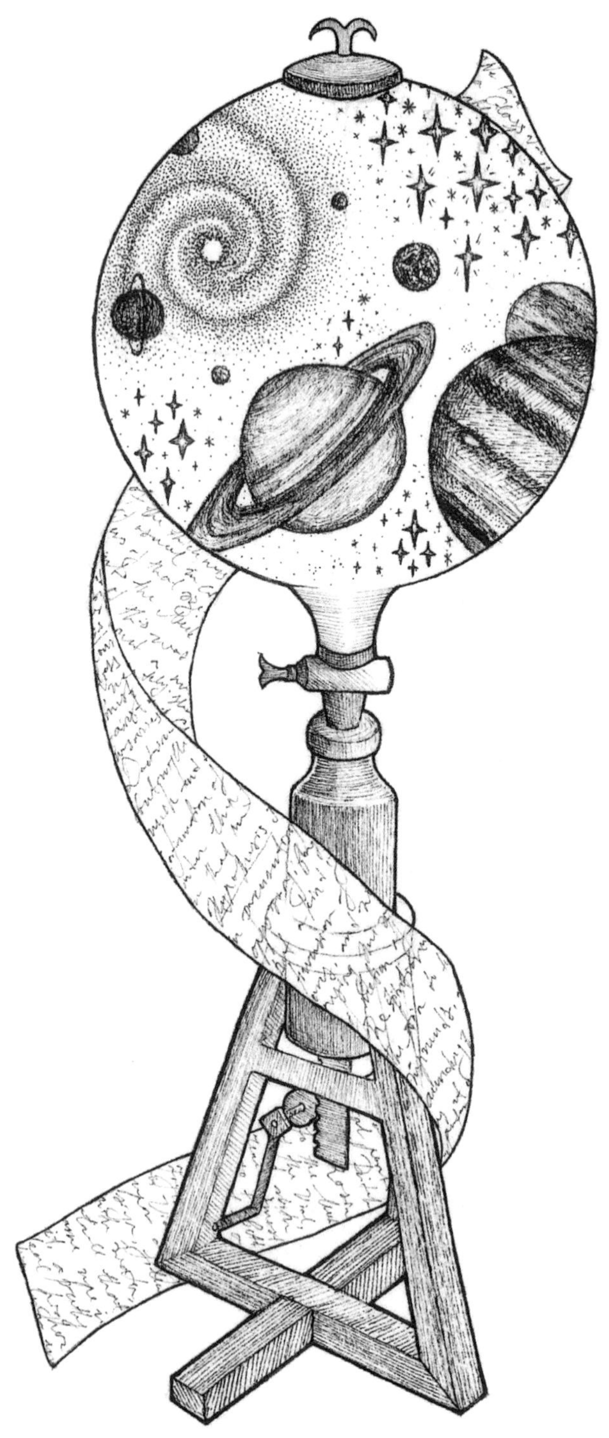

주가 점점 아래로 내려간다. 대기가 희박해져서 대기압이 약해지기 때문이다. 보일과 동료들은 더 높이 올라가면 수은주가 더 떨어지고, 어느 단계를 벗어나면 아예 공기가 존재하지 않는 진공 같은 우주가 펼쳐질 것이라고 주장했다. 우리 주변에서는 찾아보기 힘든 진공이 우주에는 존재한다면, 진공펌프를 이용한 실험은 우주를 이해하는 방법이 될 수도 있을 것이다.

아리스토텔레스주의자와는 거리가 멀었던 토머스 홉스 같은 정치철학자도 보일을 비판했다. 홉스는 보일이 철학적인 사유 없이 실험 결과를 곧이곧대로 믿은 점을 비판했다. 보일의 펌프는 명백하게 공기가 새고 있었고, 그런 펌프를 가지고 진공을 만든 뒤에 진공 때문에 새가 숨을 쉬지 못해서 죽었다는 것은 어불성설이라고 주장했다. 홉스는 진공펌프의 틈으로 공기가 급격하게 빨려 들어와서 유리구 속에 소용돌이를 일으켰고, 새가 이 공기의 소용돌이에 맞아서 죽었다는 새로운 설명을 제시했다. 홉스는 실험이 과학적 사실을 만들어낸다는 주장 자체를 받아들이지 못한 철학자였다. 그에게 확실한 진리는 실험이 아니라 깊은 철학적 사유를 통해서 얻어지는 것이었기 때문이다.

보일은 다시 실험을 통해 홉스를 논박했다. 보일은 새를 넣은 유리구 속에 작은 깃털 하나를 매달았다. 그리고 공기를 빼서 진공을 만들기 시작했다. 새는 괴로워서 헉헉대는데, 깃털은 미동도 하지 않았다. 홉스의 말대로 공기의 강한 소용돌이가 새를 죽인 것이었다면 깃털은 이런 소용돌이 때문에 요동을 쳤을 것이다. 깃털 하나가

홉스의 주장을 설득력 없는 것으로 만들었다. 홉스는 당대에 가장 유명했던 정치철학자였고, 기하학과 물리학 같은 과학에도 관심이 많은 사람이었지만, 죽을 때까지 왕립학회 회원이 되지 못했다. 과학자 공동체는 홉스 같은 사람을 배제하고, 실험이 사실을 만들어낸다는 '게임의 규칙'을 받아들인 사람들로만 꾸려진 것이다.

◆

근대 실험과학의 핵심은 직접 보지 않고 논문으로만 읽은 실험을 신뢰할 수 있게 보고하는 것이다. 이를 위해서 과학자들은 자신이 젠틀맨 같은 신사의 미덕을 지닌 사람임을 강조하고, 겸손한 태도를 유지하고, 믿을 만한 젠틀맨들이 보는 앞에서 실험을 수행하고, 시시콜콜한 세부사항과 실패한 실험까지 모두 보고하는 전략을 사용했다. 근대과학자들은 연금술사들을 비판할 때 연금술사의 실험실이 비밀에 싸인 공간이라는 점을 들었다. 연금술사들은 성공하면 엄청난 부자가 되고 불로장생할 수 있는 '철학자의 돌'을 찾던 사람들이었기 때문에 이들이 실험실에서 하던 작업은 비밀이었고, 자신들의 실험을 기록할 때에도 보통 사람이 해독하기 힘든 은유와 암호문자를 잔뜩 사용했다.

보일도 연금술사들의 주장 중 상당 부분을 받아들였으며, 꾸준히 노력하면 일반 금속을 변환해 금을 만들 수 있다고 생각했다. 그런데 연금술사와 달리 보일은 이런 노력이 신의 영광을 찬미하는 일이 될 수 있으며, 공개되어 검증받아야 한다고 생각했다. 그의 런던 실험실은 모두에게 열려 있었다. 동료 과학자들은 여유가 있을 때나 산책을 하다가 불쑥 보일의 실험실에 들러서 자연현상과 그 본질을 두고 토론했다. 특히 훅은 보일의 집을 매우 자주 찾았다.

그런데 실험실은 계속해서 과학자 공동체에 개방되었을까? 아니었다. 지식의 개방성을 보여주던 실험실은 시간이 지나면서 점차 외부 사회에 대해 닫힌 공간이 되어갔다.

8장

누가 실험실에 들어오고, 누가 나가는가?

실험실은 사적인 공간이다. 예전에는 부유한 과학자들만이 자기 돈으로 실험실을 짓고 조수를 고용해 실험을 했다. 지금은 과학자들이 정부나 군부, 기업의 지원을 받아 실험실을 만들고 실험을 한다. 실험실에 있는 장비가 고가이다 보니 가끔 외부인이 실험실에 슬쩍 들어와서 현미경 같은 것을 들고 가는 사건이 발생하기도 한다. 무엇보다 외부인이 실험실 주변에서 배회하는 것은 실험에 방해가 된다. 대학에는 개방된 건물이 많아서 이런 문제가 더 심각하다. 필자들이 속한 서울대학교는 관악산을 끼고 있어 등산객 같은 외부인 출입이 잦다. 그래서 '본 실험동에 외부인 출입을 금합니다'라는 표지가 붙어 있는 실험동도 있다.

실험실은 안전하지 않은 공간이다. 1999년 서울대학교의 한 실험실에서 새로운 폭발물 실험을 하다가 알루미늄이 폭발해서 대학원

CAUTION
DANGER DANGER

위험!

생 3명이 사망한 큰 사고가 있었다. 원자폭탄을 만들던 시대에는 미국 로스앨러모스의 실험실에서 방사능이 누출되어 연구자가 숨지기도 했고, 1996년 미국에서는 실수로 수은화합물을 피부에 떨어뜨려서 수은 중독으로 교수가 사망한 일도 있었다. 연금술사나 화학자들의 실험실은 뜨거운 화로, 맹독성 수은, 염산, 황산, 폭발 물질 등이 널려 있어서 항상 사고의 위험이 존재하던 공간이다. 바이러스나 박테리아를 다루는 실험실은 세균이 유출되지 않게 조심해야 한다. 전기를 다루는 곳에서는 감전과 누전에 의한 사고 위험도 상존한다.

어떤 실험실은 비밀을 유지해야 한다. 특히 첨단 과학기술을 개발하는 실험실들이 그렇다. 예전에는 연금술사들이 특정한 화학물질을 제조하는 방법을 비방秘方으로 적어두고, 특별한 일이 없는 한 절대로 다른 사람들에게 보여주지 않았다.[1] 17세기에 독일의 연금술사들이 어두운 곳에서 빛이 나는 인을 만드는 방법을 찾아냈는데, 이 방법이 여러 경로를 거쳐 로버트 보일의 손에 들어갔다. 보일은 이를 바탕으로 자신만의 방법을 개발하고, 이를 밀봉된 봉투에 넣어서 왕립학회에 맡기면서 자신이 죽기 전에는 절대로 열어보지 말라고 했다. 그런데 보일이 죽은 뒤에 이 봉투를 열어본 회원들은 보일의 방법이 너무나 평범하고 잘 알려진 것이어서 놀랐다고 한다. 당시에 인 제조는 꽤 돈이 되는 사업이어서 화학자들이 이 제조법을 오랫동안 비밀에 부쳤지만, 보일이 세상을 떠난 무렵에는 어느덧 상식 비슷한 게 되었기 때문인 것 같다.

♦

이런 여러 가지 이유로 실험실은 연구자 외의 사람들을 잘 들이지 않는다. 요즘은 대학에서도 실험실이 있는 건물을 아예 굳게 잠근 곳이 많다. 이런 곳에는 카드키가 있는 내부 연구원만 출입할 수 있다. 서울 홍릉 근처에 있는 한국과학기술원KIST 같은 연구기관은 정문 출입부터 통제한다. 동네 주민들조차 저 안에서 무슨 일이 일어나고 있는지 모른다. 조용한 연구소를 산책하고 싶어도 정문의 경비원들이 출입을 제지한다. 기업의 연구소도 비슷하다. 기업 연구소는 경비가 삼엄하고, 일반 주거지와 멀리 떨어져 있는 곳이 많다.

기업이야 그렇다 쳐도, 대학의 실험실 대부분은 국민의 세금으로 운영되고 있다. 국민이 과학자를 믿고 연구에 쓰라고 세금을 맡겼다. 그 안에서 만들어진 결과가 지식을 넓히고, 사회를 발전시키고, 인류를 더 행복하게 하리라고 생각하면서 말이다. 그런데 실험실이 시민에게 개방되어 있지 않아서, 납세자가 실험실 안에서 무슨 일이 일어나는지 모르는 것이다. 가끔 연구 부정행위로 대학이나 실험실이 감사를 받는 경우가 있지만, 이런 감사조차 일반 공공기관에 비해 약한 편이다.

실험실은 언제부터 이렇게 폐쇄적인 공간이 되었을까? 앞 장에서 말했듯이 옥스퍼드에 살던 보일은 1668년에 런던의 폴 몰가街에 있는 '래닐러 부인Lady Ranelagh'으로 알려진 누나 캐서린 존스의 집으로 이사한다. 이 집은 주소가 두 개, 즉 실질적으로는 두 집이었고, 그 중 하나를 보일이 사용하면서 뒷마당에 실험실을 지었다. 런던으로 이사 온 뒤에 보일은 사교 생활을 멀리했다. 실험에 몰두할 때에는 '실험 중이니 방해하지 마시오' 같은 팻말을 문에 붙여놓기도 했다. 그렇지만 손님들은 늘 예고 없이 그의 실험실을 방문했다. 실험실을 설계할 때, 현관문을 거치지 않고 집의 뒷마당에 있던 실험실로 바로 들어갈 수 있게 길을 만들어놨던 것만 봐도 그의 의도를 알 수 있다. 보일은 실험실을 젠틀맨들에게 개방하는 것이 지식을 개방하는 방법이라고 생각했다. 한때 보일의 조수였고, 이 시기에는 왕립학회의 큐레이터를 했던 로버트 훅은 특히 자주 왔는데, 어떤 해에는 보일의 집에서 보일과 서른 번이나 저녁식사를 같이 했다고 한다. 실험에 대한 관찰과 토론이 식사로 이어진 것으로 보인다. 보일은 혼자 살았고 식사는 주로 누이 집에서 했다고 하니 보일의 실험실이 과학자들에게는 사랑방 비슷한 역할을 한 셈이다.

이렇게 보일의 실험실은 그의 동료 과학자들만이 아니라 다른 젠틀맨들에게도 개방되어 있었다. 이들의 역할은 실험을 목격하는 것이었고, 이는 당시 실험의 가장 중요한 요소 중 하나였다. 그렇지만 실험실을 모든 이에게 개방했다든가, 혹은 모든 사람이 목격자가 될 수 있었던 것 같지는 않다. 초기에는 많은 사람이 실험에 관여했지만, 점차 실험하는 과학자를 제외한 다른 사람들은 실험실 밖으로 밀려났다.

보일의 실험실에는 실험을 돕거나 실제로 실험을 수행하는 조수들이 여러 명 있었지만, 이들은 실험을 목격한 사람으로 한 번도 언급되지 않는다. 보일의 펌프는 훅이 만든 것으로 추정되며, 이를 작동시킨 사람은 훅을 포함한 보일의 조수들이었다. 펌프는 공기를 빼낼수록 작동시키기가 힘들었고, 그래서 보일이 어떤 때에는 힘센 대장장이를 불러서 펌프를 작동시켰다는 기록도 있다. 펌프를 작동시키던 사람이 자칫 목숨을 잃을 뻔한 사고까지 있었다는 기록을 보면 이게 예삿일은 아니었던 것 같다.

조수들 가운데 보일의 논문에 한 번이라도 이름이 언급된 사람은 로버트 훅과 드니 파팽Denis Papin뿐이다. 파팽은 나중에 압력솥과 증기기관 제작에 선구적인 역할을 한 프랑스 과학자다. 보일은 자신의 논문에 달린 각주에서 파팽이 논문 전체를 썼다고 그의 기여를 인정한 적도 있다. 아마 지금 같았으면 보일의 이런 행동은 윤리적으로 문제가 있다는 지적을 받았을 것이다. 그런데 당시에는 누가 실험을 했고, 심지어 누가 논문을 썼는지가 중요한 것이 아니었다. 이 논문이 누구 이름으로 출판되었는지가 모든 것을 말해주었기 때문이다. 실험은 보일 같은 젠틀맨 과학자의 이름으로 논문 출판까

드니 파팽

지 이어질 때 권위를 얻었다. 그리고 적어도 천문학자 튀코 브라헤에 비하면 보일은 훨씬 양심적이고 배려심이 강한 사람이었다. 수많은 조수를 거느렸던 튀코 브라헤는 그를 도와줬던 조수들의 이름을 언급한 적이 아예 단 한 번도 없기 때문이다.[2]

여성들도 보일의 실험실에서 점차 배제되었다. 앞 장에서 본 것처럼, 보일은 유리구 속에 새를 넣고 수행한 실험을 숙녀들이 관찰했다고 기록하고 있다. 이들은 래닐러 부인과 그녀의 딸들일 것으로 추정된다. 보일은 자신의 논문에서 이들을 독실하고 정숙한 숙녀라고 소개했다. 그렇지만 이들은 결코 이상적인 관찰자가 아니었다. 이들은 보일에게 실험을 멈춰달라고 사정해서 새를 죽음의 문턱에서 구출했다. 보일은 이들의 방해를 받지 않고 실험을 수행하기 위해 밤중에 자기만의 방에서 혼자 실험을 반복해서 만족할 만한 결과를 얻었다. 여성들은 실험을 목격하는 신뢰할 만한 목격자의 지위를 잃어버렸다. 이들은 독실하고 정숙했지만 마음이 약했기 때문이다.[3]

여성을 배제한 건 래닐러 부인의 이력과도 무관하지 않다. 당시 영국의 정치계는 왕당파와 의회파로 나뉘어 전투를 벌이던 중이었는데, 의회파의 지도자 크롬웰은 왕 찰스 1세를 스코틀랜드로 쫓아내고 나중에는 그를 잡아서 결국 처형했다. 래닐러 부인은 신념이 강한 의회파였고, 주변 친구들 중에도 당시 혁명을 주도했던 의회파가 많았다. 특히 그녀는 의사이자 급진적 사상가였던 새뮤얼 하틀립Samuel Hartlib과 매우 가까운 사이였고, 하틀립이나 그 주변 사람들과 자연철학에 대한 지식을 활발하게 교류했다. 로버트 보일은 아버

보일의 누이 래닐러 부인

지를 닮아 왕당파였지만, 누이와는 매우 가깝게 지냈다. 둘 다 정치보다는 종교적 독실함이 훨씬 더 중요하다고 생각했기 때문이다. 누이는 보일이 스톨브리지에 첫 실험실을 설치할 때 필요한 기구들과 장비를 구해주었고, 보일은 자신의 실험에 대해서 누이와 여러 차례 의견을 교환했다. 당시 보일의 편지를 보면 누이가 화학을 잘 이해하고 있다는 전제하에 썼다는 것을 알 수 있다.

그런데 1660년에 왕당파 지식인 과학자들을 중심으로 왕립학회가 설립되고 1668년에 보일이 누이의 집으로 이주하면서, 래닐러 부인의 과학 연구는 뜸해졌다. 하틀립은 너무 급진적이라는 이유로, 래닐러 부인은 여성이라는 이유로 왕립학회에서 배제됐다. 보일의 실험 보고서나 편지에 그녀의 이름이 언급되는 경우도 급격히 줄어들었다. 래닐러 부인의 관심도 자연철학에서 종교와 가정 의술로 옮겨갔다. 이들은 같은 집에 살면서 자주 저녁을 같이 먹었지만, 과학 공동체에 포함되지 못한 그녀의 역할은 점차 축소되었다.[4]

◆

실험실에서 배제된 사람은 조수나 여성에만 국한되지 않았다. 결국은 젠틀맨 과학자들도 실험을 목격하는 의미가 감소하면서 점차 실험실에서 배제되었다. 이 과정은 오랜 시간에 걸쳐 진행됐는데, 1660년대에 이를 단적으로 보여주는 상징적인 사건이 하나 있었다. 왕립학회 회원들이 처음 모였던 그레셤 칼리지의 실험실에서 일어난 사건인데, 이 사건은 보일의 진공펌프 실험 중에서도 가장 복잡하고 논란이 되었던 현상에 대한 것이어서 조금 상세한 설명이 필요하다.[5]

앞에서 진공펌프 속에서 했던 토리첼리의 실험을 언급했다. 진공펌프 속에 수은주를 세우고 진공을 만들면 수은주의 길이가 내려간다는 실험이다. 보일은 다음 실험에서 수은주 대신에 물을 넣은 4피트(1.2미터)짜리 유리관을 사용했다. 진공펌프를 돌리기 시작했을 때에는 물의 높이에 아무런 변화가 없었다. 그러다 한참 진공을 만들자 물의 높이가 뚝뚝 떨어지기 시작해서, 결국 바닥에서 1피트(30센티미터) 높이까지 내려갔다. 그러나 여기까지 떨어진 뒤에는 아무리 더 진공을 만들어도 물의 높이에는 변화가 없었고, 보일은 수은으로 실험했을 때와 마찬가지로 물기둥이 더 떨어지지 않는 이유가 펌프가 미세하게 새기 때문이라고 생각했다. 그는 수은 실험과 마찬가지로 물을 가지고 수행한 이 실험도 진공의 존재를 입증하는 실험으로 여겼다.

보일의 실험이 화제가 되면서 네덜란드의 유명한 물리학자 크리스티안 하위헌스Christian Huygens가 진공펌프를 보기 위해 보일의 실험실을 방문했다. 하위헌스는 진공의 존재를 믿지 않았던 사람이다. 그는 특히 토리첼리의 실험을 진공펌프 속에서 재현한 것에 관심이 많아, 네덜란드로 돌아가서 보일의 것과 비슷한 진공펌프를 만들어 반복해서 물기둥 실험을 했다. 처음에는 보일처럼 물기둥의 높이가 낮아졌다. 그런데 하위헌스는 물기둥 속에 거품이 많이 생기는 것을 관찰했고, 이 거품을 제거한 뒤에 다시 실험했더니 이번에는 진공을 만들어도 물기둥이 전혀 낮아지지 않는다는 것을 발견했다. 하위헌스는 이 사례를 들면서 보일이 진공펌프를 통해 얻은 공간은 진공이 아니라고 비판했다. 당시 이 이상한 현상에는 "변칙적인 부유anomalous suspension"라는 이름이 붙었다.

하위헌스의 비판은 홉스의 비판과 무게가 달랐다. 펌프를 만들어서 직접 실험을 수행한 유럽 최고의 물리학자가 제기했기 때문에 이 비판은 가볍게 넘길 수 없었다. 보일은 이 결과를 듣고 하위헌스가 만든 진공펌프가 불량품이라고 생각했다. 공기가 너무 많이 새는 펌프라는 것이다. 그렇지만 하위헌스는 1663년에 영국을 방문해서 보일의 진공펌프를 가지고 자신의 실험을 재현했다. 로버트 훅은 하위헌스가 영국에 머무르는 동안에 그와 함께 연구해서 결국 그의 주장이 옳다는 것을 받아들인다. 보일은 처음에는 변칙적인 부유를 믿지 않다가, 훅의 실험을 통해 결국 이를 받아들이고 인정한다. 이 현상은 당시 과학계의 가장 큰 논쟁거리였고, 훅은 이를 믿지 않는 왕립학회 회원들에게 이 현상이 실재한다는 사실을 증명해야 했다.

원래 왕립학회 회원들은 런던에 있는 그레셤 칼리지에서 모였다. 그레셤 칼리지는 은행업으로 부를 축적한 토머스 그레셤 경이 재산을 기부해서 만든 일종의 시민대학이었다. 왕립학회의 핵심 멤버였던 크리스토퍼 렌과 로버트 훅은 이곳의 천문학, 기하학 교수로 취직했다. 왕립학회의 큐레이터를 겸하고 있던 훅은 그레셤 칼리지에 실험실과 숙소를 얻어서 기거했다.[6] 이 실험실과 숙소는 훅이 거주하면서 조수들과 실험을 수행하기에는 적합한 공간이었지만, 젠틀맨 과학자들이 드나들면서 담소를 나눌 수 있는 '고상한' 공간과는 거리가 멀었던 것 같다. 그곳에는 훅뿐만 아니라 나이 어린 조카, 조수 몇 명, 그리고 훅과 동거를 하면서 집을 청소해주는 여성 청소부 등이 바글거렸기 때문이다.

그런데 1666년에 런던 대화재로 그레셤 칼리지의 회합실을 잠시 사용할 수 없게 되었고, 이에 왕립학회는 한 귀족의 도움을 받아 그레셤 칼리지에서 조금 떨어진 아룬델 하우스Arundel House로 회합 장소를 옮겼다. 훅은 왕립학회가 모일 때마다 실험에 사용한 기기들을 그레셤 칼리지에서 아룬델 하우스로 조심스럽게 옮긴 뒤에 이곳에서 실험을 재연해야 했다. 그런데 진공펌프 같은 기구는 옮기기가 쉽지 않았다. 정교하게 여러 군데 밀봉을 해도 옮기는 동안에 밀봉이 느슨해지거나 떨어지는 경우가 있었기 때문이다. 훅은 진공펌프를 아룬델 하우스로 무사히 가지고 가서 '변칙적인 부유' 현상이 실재한다는 것을 보여주는 실험을 했지만, 진공을 믿었던 학회 멤버들은 훅의 실험을 사실로 받아들이는 대신에 진공펌프를 옮기는 도중에 밀봉이 떨어져 나가서, 즉 기기 불량 때문에 이런 현상이 나타났다고 생각했다. 보일이나 훅도 처음에 이 현상에 관한 이야기를 듣고 하위헌스의 기계가 불량이라고 생각했던 것을 보면, 다른 멤버들이 이렇게 생각한 것도 무리는 아니었다.

훅은 이런 의혹을 불식시키기 위해서 왕립학회의 회원들에게 아룬델 하우스가 아니라 그레셤 칼리지에 있는 자신의 실험실에서 실험을 해보자고 제안했다. 예민한 기구를 왕립학회 회합이 이루어지던 아룬델 하우스로 옮기는 것이 아니라, 실험 관찰을 담당하는 과학자들이 기구가 작동하는 곳으로 와야 한다는 것이었다. 결국 왕립학회의 과학자들은 그레셤 칼리지에 있던 훅의 누추한 실험실로 가서 변칙적인 부유에 대한 실험을 살폈는데, 이 실험 결과는 훅이 아룬델 하우스에서 했던 것과 일치했다. 과학자들은 이 변칙적인 부유 현상이 기기의 결함이 아니라, 진공펌프에서 생기는 자연현상, 즉 과학적 사실이라는 것을 받아들여야만 했다.

1667년 7월에 있었던 이 작은 에피소드는 젠틀맨 목격자가 실험의 진실성을 입증하는 데 별로 중요하지 않다는 것을 예증했다. 젠틀맨 목격자들은 아룬델 하우스에서 구현된 변칙적인 부유 현상을 믿지 않았다. 이들은 훅이 펌프를 옮기는 과정에서 밀봉이 떨어져 펌프의 공기가 새어 나가 그런 현상이 나타났다고 생각했다. 그런데 펌프를 이동하지 않고, 이들이 훅의 실험실로 가서 본 결과도 같았다. 즉 이 현상이 생긴 이유는 펌프가 샜기 때문도, 훅이 실험을 잘못했기 때문도 아니었다. 이 현상이 왜 생기는지는 몰랐지만 이 또한, 베이컨의 표현을 빌리자면 "펌프가 비튼" 자연이 보여준 사실이었다.

실험하는 사람이 능력 있는 과학자라면, 실험은 그것을 목격하는 사람이 있건 없건 결과가 같아야 한다. 실험과학의 초기에는 실험을 목격하는 젠틀맨 과학자들의 존재가 실험이라는 기획에서 핵심적인 역할을 한다고 믿었지만, 1667년 7월의 에피소드는 이런 목격자가 실험의 핵심이 아님을 보여주었다. 이후 서서히 목격자들은 실험실 밖으로 밀려났고, 실험실은 실험을 주도하는 과학자만의 닫힌 공간이 되어갔다.

9장

실험실이 작아지다

찰스 다윈의 사촌이자 우생학을 창시했던 프랜시스 골턴Francis Galton은 19세기 후반에 유명한 과학자 180명을 인터뷰하면서 이들이 어떤 계기로 과학에 흥미를 느꼈는지를 물어봤다. 놀라운 사실은 이들 중 다수가 어렸을 때 "움직이는 실험실"이라고 불린 '화학 상자'를 갖고 놀다가 과학에 흥미를 느끼기 시작했다고 답한 것이다.[1] 화학 상자는 아이들이 가지고 놀 수 있는 상자 속에 다양한 시약과 설명서가 들어 있는 것으로, 보통 2단으로 구성되어 있었다. 많은 과학자들이 어릴 때 설명서에 따라 시약을 섞으면서 화학 실험을 했고, 그러면서 과학을 좋아하게 되어 과학자의 길을 걸었다는 것이다. 20세기 유명한 미국 과학자들은 어릴 때 화학 실험을 한 부류와 라디오를 갖고 논 부류로 나뉜다는 분석도 있다. 이게 사실이라면 과거에는 과학 교과서로 공부하다가 과학에 흥미를 느낀 사람보다 실험을 하다가 과학자의 길로 접어든 사람이 훨씬 많은 것 같다.

이번 장에서는 18세기와 19세기에 화학 분야 실험실에서 일어난 변화에 대해서 살펴볼 것이다. 아이들을 위한 실험 키트를 제작해 널리 팔 수 있었던 것도 이런 변화의 한 측면이다. 또 다른 변화는 실험실이 대학 교육의 일부로 자리잡게 된 것이다. 넓게 보면 이 시기에 실험실은 중세 연금술사의 잔재를 떨쳐버리고 근대적인 실험실로 환골탈태하는 변화를 겪었다고 할 수 있다.

♦

앞서 이야기했듯이, 17세기부터 18세기 초엽까지 화학자의 실험실은 연금술사의 실험실과 큰 차이가 없었다. 화학자의 실험실에서 가장 중요한 기구는 화로와 증류기였다. 화로는 고온을 만들어서 금속을 녹이거나 증류를 하는 데 꼭 필요한 장치였다. 증류기는 불순물을 걸러내고 알코올이나 황산 같은 화학물질을 얻는 데 사용했다. 그런데 18세기 중엽 이후에 화학자의 실험실을 그린 그림을 보면 실험실에 화로가 없는 경우가 제법 있다. 화로가 있는 경우에도 크기가 작거나, 과거보다 훨씬 덜 중요한 것으로 그려지곤 했다. 증류기가 빠진 경우도 많았다.

왜 이런 변화가 일어났을까? 한 가지 예기치 않았던 변화는 화학 연구의 주류가 야금학이나 약제학과 관련된 것에서 기체화학으로 바뀌었다는 점이다.[2] 기체화학의 선구자는 17세기 말엽에 영국 케임브리지 대학교에서 기체를 연구했던 화학자 스티븐 헤일스Stephen Hales였다. 헤일스는 물질이 탈 때 생기는 가스를 포집해서 그 가스의 성분을 연구했는데, 이 과정에서 가스만이 아니라 황을 포함한 다른 불순물이 섞여 들어가는 문제를 발견했다. 그는 포집기로 채취한 가스를 물에 통과시킴으로써 불순물 문제를 해결했다. 물에 통과시키면 황을 포함한 불순물은 물에 녹고, 물에 녹지 않은 가스만 유리로 만든 통에 모을 수 있었다. 현대 용어로 하자면 물에 녹는 수용성 가스와 그렇지 않은 불용성 가스의 특성을 이용한 것이다. 거친 실험이었지만, 헤일스는 이 실험을 통해 기체화학의 기초를 놓았다.

그런데 거꾸로 물에 녹는 기체를 포집하고 싶을 때가 있다. 이산화황(SO_2)이라든가 이산화질소(NO_2) 같은 기체는 황산과 질산을 만드는 데 유용한데, 이런 기체는 물에 녹기 때문에 헤일스의 방법으로는 포집할 수 없었다. 해법은 18세기 영국의 귀족이자 과학자였던 헨리 캐번디시Henry Cavendish가 발견했다. 캐번디시는 물 대신에 수은을 사용해서 기체를 포집하면, 이런 기체들을 모을 수 있다는 것을 알아냈다. 그는 이렇게 수은을 사용해서 실험을 하다가 특이한 성질을 가진 기체를 하나 발견해 '불붙기 쉬운 공기inflammable air'라는 이름을 붙였다. 바로 수소였다. 이렇게 해서 공기를 구성하는 기체가 하나씩 발견되었다. 영국의 조지프 프리스틀리는 이런 기체를 여섯 가지나 발견해서 유명해졌다. 지상계는 물, 불, 흙, 공기라는 4가지 원소의 결합으로 구성된다는 고대 그리스의 4원소설에서 보듯, 자연철학자들은 오랫동안 공기를 하나의 단일한 원소로 생각했었는데 기체화학의 도구를 이용해서 공기는 성질이 다른 여러 기체로 구성되어 있다는 사실을 밝힌 것이다.

♦

기체화학이 발전하면서 18세기 말엽에 화학의 역사에서 가장 중요한 발견이 이루어졌다. 바로 산소의 발견이다. 산소를 발견하기 전에는 물체가 타면서 산소와 결합하는 것이 아니라, 물체로부터 플로지스톤phlogiston이라는 입자가 빠져나온다고 생각했다. 플로지스톤을 부정하고 산소라는 새로운 공기를 가장 확실하게 주장한, 그리고 이를 '산소'라고 명명한 사람은 프랑스의 앙투안 라부아지에였다.

라부아지에의 실험실을 그린 그림을 보면 화로가 없다. 대신 높이가 다양한 평평한 테이블이 있고, 이런 테이블에 각종 실험 장치와 도구를 놓고 실험을 한다. 그림에 등장하는 기구들은 그가 자랑하던 정교한 저울, 가스의 무게를 재는 가소미터gasometer, 그리고 실험 과정에서 발산되거나 사용된 열을 재는 칼로리미터calorimeter 같은 것들이다.

라부아지에의 실험실은 프랑스 파리의 병기창에 있었다. 당시 프랑스 재상이자 계몽사상가 중 한 명이었던 튀르고Anne Robert Jacques Turgot는 파리에 병기창 4개를 만들고 실험실을 하나씩 두었는데, 이 중 하나를 라부아지에에게 맡겼다. 여기서 짐작할 수 있듯이 라부아지에의 실험실은 국가의 지원을 받아 아주 좋은 설비를 갖추고 있었다. 값비싼 기계도 많았고, 조수도 여러 명 고용했으며 함께 실험하는 동료 과학자도 많았다. 당시 파리에는 정교한 실험기구를 만들어서 판매하는 기구 제작자, 시약이나 화학약품을 판매하는 약제사의 네트워크가 잘 갖춰져 있었다. 물론 가소미터나 칼로리미터 같은 독창적인 기구의 아이디어를 낸 것은 라부아지에였지만 제작은 솜씨 있는 장인의 몫이었다.[3]

이런 파리지앵의 눈높이에서 볼 때, 라부아지에의 동료이자 경쟁자였던 영국의 프리스틀리는 아직 근대화가 덜 된 사람이었다. 프리스틀리는 영국 버밍엄의 만월회Lunar Society의 멤버로, 같은 지역 출신인 조지프 블랙Joseph Black, 조사이어 웨지우드Josiah Wedgwood, 제임스 와트James Watt, 매슈 볼턴Matthew Boulton 같은 젠틀맨들과 어울렸다. 이들은 당시 산업혁명을 주도했던 신흥 부르주아라고 할 수 있는 인물들로, 만월회를 통해 과학기술과 사회의 변화에 대한 정보를 공유했다. 부유했던 프리스틀리는 집에 실험실을 두고 공기를 포집하는 공기수집기pneumatic trough를 개량해서 매우 독창적인 실험을 했다. 그런데 프랑스혁명 이후에 프리스틀리를 무신론자에 혁명주의자로 생각한 군중들이 그의 집을 습격하고 불을 질렀다. 이때 실험실도 전소했고, 그는 이 사건 이후에 미국으로 망명한다.

프리스틀리와 라부아지에는 모두 매우 창의적인 화학자로, 18세기 화학의 역사에 위대한 발자취를 남겼다. 그렇지만 실험실만을 놓고 보면 둘은 비교가 되지 않는다. 프리스틀리의 실험실이 17세기 실험실의 연장선에 있었다면, 라부아지에의 실험실은 19세기 이후

현대의 실험실과 흡사했다. 무엇보다 라부아지에의 실험실은 과학자의 집이 아니라 독립된 공간에 있었고, 이는 17세기의 전통과 결별한 것이었다. 라부아지에의 실험실은 국가에서 지원하는 병기창에 있었지만, 19세기 이후에 활동했던 화학자들의 실험실은 대학에 자리잡게 된다.

♦

독일 기센 대학교 교수였던 유스투스 폰 리비히Justus von Liebig는 유기화학이라는 새로운 분야를 개척한 화학자로, 기센 대학교에서 실험 실습으로 유명한 화학자들을 많이 키워냈다. 이들 중 일부는 염료화학 분야에서 아주 중요한 업적을 남겼고, 염료 사업에 뛰어들어 부자가 되기도 했다. 리비히의 실험실은 미국과 영국의 여러 대학 실험실의 모델이 되었다. 이 실험실은 어떤 의미로 오늘날 대학 실험실의 원형이라고 평가할 수 있다.[4]

대학에 실험실이 자리잡고, 이런 실험실이 교육용으로 사용되면서 과학자는 과거에는 없던 새로운 문제에 봉착했다. 어떻게 학생 여럿에게 동시에 같은 실험을 가르칠 수 있을까? 18세기 네덜란드의 화학자 헤르만 부르하버Herman Boerhaave는 레이던 대학교의 화학 교수가 된 뒤 학생들에게 실험을 가르치면서 자신도 같은 실험실에서 연구를 진행했다. 보통 실험실에는 화로가 두세 개 정도 있었는데, 이 정도로는 여러 학생이 동시에 실험하기가 힘들었다. 게다가 당시 대학교에 입학한 10대 중후반의 소년들에게 크고 뜨거운 화로는 매우 위험하기도 했다. 부르하버는 많은 학생에게 동시에 실험을 가르치기 위해서, 그리고 안전하게 불을 사용할 수 있도록 당시 숙녀들이 겨울에 들고 다녔던 이동형 난로를 모방해 크기가 작은 화로를 만들었다.[5] 학생들은 부르하버가 만든 작은 화로를 테이블 위에 놓고 실험을 했다. 이 화로는 무엇보다 여러 명이 둘러앉아서 실험을 할 수 있어서 교육용 실험에는 아주 효율적이었다. 점차 큰 화로는 이렇게 실험실에서 사라지게 되었고, 19세기 무렵 학생들은 화로 대신에 알코올램프로 실험을 하기 시작했다.

대학에 자리잡지 않은 화학자들도 19세기 이후에는 집이 아닌 외부에 실험실을 차려놓고 실험을 하기 시작했다. 19세기 초에 활동했던 화학자 울러스턴William Hyde Wollaston은 런던의 한 빌딩에 마련된 실험실을 매우 비밀스럽게 운영했다. 아주 작은 시약병에 시약을

담아서 이를 홈이 팬 유리판 위에 몇 방울씩 떨어뜨려서 반응을 분석하는 실험을 하던 그는, 백금 광석을 분석하다가 팔라듐이라는 새로운 금속을 발견하고 백금의 연성화 방법을 알아내 이를 사업화해서 큰돈을 벌기도 했다. 울러스턴은 어떻게 이런 발견을 했는지 끝내 공개하지 않았다.

부호가 과학자를 위해서 실험실을 지은 예도 있다. 18세기 영국의 부자 데번셔 공작 집안의 헨리 캐번디시와 조지 핀치George Finch 백작은 과학 지식을 증진할 목적으로 1799년 런던에 '왕립연구소Royal Institution'를 세웠다. 이 연구소는 뛰어난 과학자를 교수로 채용하고, 조수도 여럿 고용했다. 가장 유명했던 교수는 험프리 데이비Humphrey Davy였고, 이어서 교수가 됐던 마이클 패러데이Michael Faraday도 데이비 못지않게 유명했다.

특히 데이비와 패러데이는 실험을 이용한 대중 강연에 뛰어났는

THE ROYAL INST

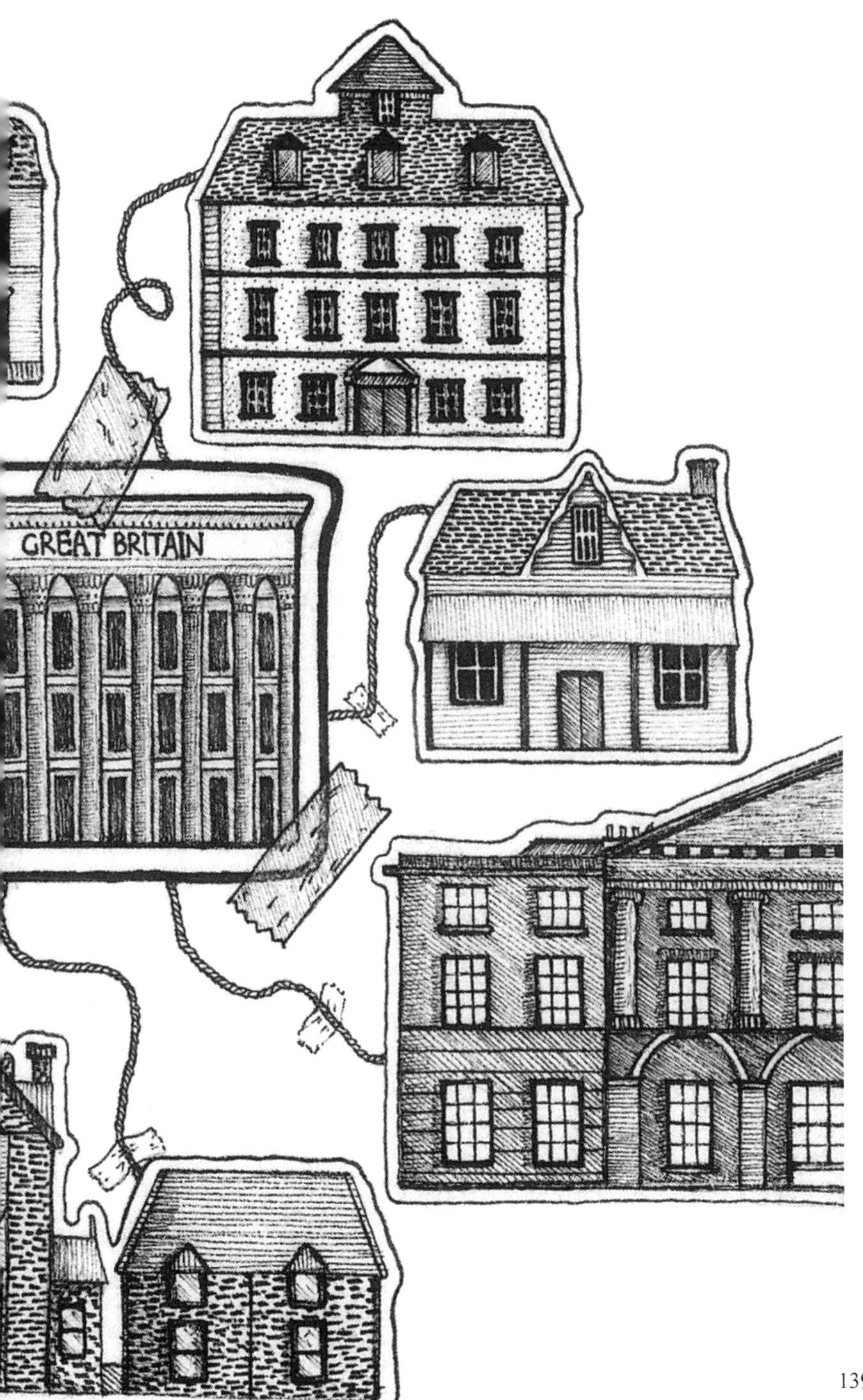
GREAT BRITAIN

데, 이들의 대중 강연은 왕립연구소의 주요 수입원이자 연구소의 명성을 세상에 알리는 기회이기도 했다. 기체화학에 대한 데이비의 강연은 폭소를 유발했으며, 1854년에 있었던 금속의 성질에 대한 패러데이의 강연은 영국의 왕실 가족도 청중으로 참여할 만큼 인기가 높았다. 강연과 실험을 결합한 왕립연구소의 실험실은 대중 강연을 하는 극장의 무대 바로 옆에 있었다. 데이비나 패러데이는 강연을 준비하면서 강연에서 필요한 실험들을 바로 옆에 있는 실험실에서 미리 해보고, 이를 그대로 무대로 옮겼다. 필요한 경우에는 무대와 실험실을 왔다 갔다 했다. 물론 관객이 앉은 객석에서는 무대만 보이고 실험실은 보이지 않았다.[6]

♦

데이비의 강연을 들었던 사람 중에 제인 마셋Jane Marcet이라는 부인이 있었다. 그녀는 당시 유명했던 여성 해방론자인 메리 울스턴크래프트Mary Wollstonecraft의 사상에 공감하던 사람이었다. 참고로 메리 울스턴크래프트의 딸이 바로《프랑켄슈타인》의 저자인 메리 셸리이다. 울스턴크래프트는 중산층과 상류층 여성들이 그들을 감각의 노예로 만드는 소설, 음악, 시, 기사도를 버리고 인문학, 원예학, 자연철학 같은 것을 공부해야 한다고 역설한 사람이다. 데이비와 울스턴크래프트의 영향을 받은 마셋 부인은 소녀들에게 과학을 공부하라는 책을 썼다. 그녀가 쓴 책에서는 항상 교사 B(브라이언트)와 에밀리,

캐럴라인이라는 소녀 둘이 대화를 나누며 과학을 공부한다. 이 중에서도 특히 화학을 주제로 쓴 책 《화학에 관한 대화Conversations on Chemistry》가 가장 인기 있었다. 1806년에 나온 이 책은 영국에서만 17쇄를 찍었고, 여러 언어로 번역되었으며, 미국에서는 숱한 해적판이 나왔다. 마셋 부인은 이 책을 익명으로 출판하다가, 12쇄에서 처음으로 자신이 저자임을 밝혔다. 초판 출간 당시 서점에서 종업원으로 일하던 15세 소년 마이클 패러데이는 이 책을 읽고 과학자의 꿈을 꾸었다고 한다. 수십 년이 흐른 뒤에 마셋 부인은 유럽에서 가장 유명한 과학자가 된 패러데이에게 편지와 함께 자신의 책 한 권을 증정하기도 했다.

이 책에서 교사 B는 소녀들에게 실험을 통해 화학을 공부해야 한다고 이야기한다. 교사는 당시 소녀들이 화학자의 실험실을 약제사나 향수 제작자의 실험실과 비슷하다고 생각하는 경향이 있다고 이야기하면서, 사실 화학 실험실은 그보다 훨씬 더 많은 일을 한다고 알려준다. 또 넓게 보면 자연 자체가 일종의 끊임없는 화학반응이 일어나는 실험실이라고 가르친다. 자연과학 중에서 자연의 외모를 보는 것은 지질학이나 생물학이고, 자연의 운동을 보는 것이 물리학이라면, 자연 깊숙한 곳에서 일어나는 반응을 보는 것이 화학이니 모든 과학 중에서 화학이 가장 심오하고 가장 흥미로운 과학이라는 것이 교사 B의 주장이다. 물론 화학을 제대로 이해하기 위해서는 실험실에서 실험을 해야 한다며 교사는 수십 가지 화학 실험을 하나하나 세세히 설명한다.[7]

그런데 당시 학교에 다닐 수 없었던 소녀들이 어떻게 실험실에 접근해서 화학 실험을 할 수 있었을까? 흥미롭게도 당시에 "화학 세트chemistry set" 혹은 "화학 상자chemistry chest"라고 불렸던, 실험을 할 수 있는 키트가 있었다. 이런 키트는 18세기 초엽부터 판매되기 시작해 18세기 말엽에는 널리 이용되었다. 화학이라는 학문이 점차 대중화되면서 화학에 흥미를 느끼면서도 실험실을 갖지 못한 사람들이 이런 키트를 많이 구매했기 때문이다. 이런 키트에는 복잡한 유리 기구와 미리 준비된 재료와 시약이 패키지로 들어 있었다. 1730년에 판매된 키트의 광고에는 "여러분의 손에 널찍한 실험실을 쥐고 화학 실험을 손쉽게 하세요"라는 문구가 적혀 있다. 19세기의 한 키트에는 "학생의 화학 실험실"이라는 문구가 있었고, 판매상들은 이 키트 하나면 집을 실험실로 바꿀 수 있다고 선전했다. 키트를 구매하면 화학자의 실험실이 응접실과 아이들 방으로 들어오게 된다는 것이다.[8]

♦

지금까지 보았듯이 19세기에 나타난 실험실의 변화는 다층적이다. 국가나 대학에서 지원하는 실험실은 더 전문적이 되었고, 집에다 차려놓은 실험실에서 실험을 하던 17세기 전통은 점차 사라졌다. 과학의 대중화와 맞물려서 연구와 대중 강연 준비를 하는 실험실도 등장했고, 아이들이나 숙녀를 위한 실험 키트가 판매되면서 실

험실은 다시 응접실과 아이들 방으로 들어왔다. 화학 키트는 아이들 방을 실험실로 만들면서 19세기는 물론 20세기 중엽까지도 인기를 끌었다. 앞서 이야기했듯이 어릴 때 이 키트를 선물받고 이를 가지고 실험하다가 과학에 관심을 기울이게 된 유명 과학자들도 있다. 실험하다가 시약이 펑 터지고 유리 기구가 깨지는 일도 흔했지만, 이렇게 집에서 작은 실험실을 가지고 놀던 아이들이 커서 큰 실험실을 운영하는 과학자가 된 것이다.

그런데 1980년대 이후 이런 키트는 점점 자취를 감추었다. 자식을 키우는 부모의 관심이 과학에 대한 흥미에서 '안전'으로 넘어가면서, 화학 키트에는 이제 과거처럼 화학물질을 담을 수 없게 되었다. 지금 화학 키트에는 아이들이 손으로 만져도, 심지어 먹어도 위험하지 않은 물질들만 담는다. 실험을 하다가 펑 터지는 일은 상상도 할 수 없다. 지금도 아이들은 자전거를 타다가 넘어져서 피가 나고, 축구를 하다가 팔이 부러지기도 하지만, 더는 위험한 실험실을 가지고 놀지 않는다. 이런 '안전'에의 집착이 미래의 과학에 어떤 영향을 미칠지 상상해보는 것도 흥미로울 것이다.

4 부

실험실이 만든 새로운 존재들

10장

흰 가운을 입은 미친 과학자

우리에게 친숙한 과학자는 실험을 하는 과학자가 아니다. 과학자라고 하면 당장 떠오르는 아인슈타인은 평생 실험을 하지 않은 이론물리학자였다. 아인슈타인은 1907년에 축전지가 방전된 이후에도 그 표면에 0.5밀리볼트 정도의 전압이 남아 있을 것이라는 계산 결과를 얻고, 엔지니어 친구들과 함께 이 작은 전압을 증폭시켜서 잴 수 있는 기계를 설계했다. 이 기계는 전압을 증폭하긴 했지만 약간의 변화에도 큰 기복을 나타내서 실제로는 쓸모없는 것으로 판명되었다. 이 일화에서 보듯 아인슈타인은 실험 기기를 제작하는 데는 재주가 없었다. 냉소적인 글솜씨로 전 세계에 팬이 많은 리처드 파인먼도 이론물리학자였다. 그도 실험실에서 실험을 한 적이 없다. 아인슈타인은 산책하는 모습, 칠판을 배경으로 문제를 푸는 모습, 자전거를 타는 모습 등 많은 사진을 남겼지만, 실험실에서 실험하는 모습은 없다. 파인먼의 경우도 강의하거나 작은 북처럼 생긴 봉고를 치는 사진으로 유명하지만, 평생 실험실을 가져본 적이 없는 과학자다. 한국이 자랑하는 물리학자 벤저민 리, 이휘소 박사도 실험을 하지 않았던 이론물리학자였다.

과학자라고 하면 사람들이 이런 이론과학자의 모습을 떠올리는 것도 무리는 아니다. 그렇지만 과학자의 대부분은, 어쩌면 80퍼센트 정도는 실험실에서 실험을 하는 과학자일 것이다. 하지만 실험과학자라고 해서 실험하는 사진을 많이 남기는 것은 아니다. 아마 자신의 실험이 사진을 찍어둘 만큼 중요한 실험일 수 있다는 생각을 하지 않기 때문일 것이다. 그렇지만 실험 결과가 과학의 패러다임을 바꿀 정도로 혁신적인 것으로 인정되거나 노벨상 같은 유명한 상을 받으면, 실험과학자들은 자신의 실험기구들 옆에서 사진을 찍곤 한다. 파스퇴르는 광견병 백신을 발견하는 데 결정적인 역할을 한 토끼의 척수를 들고 있는 모습을 초상화로 남겼으며, 전자를 발견한 J. J. 톰슨은 전자를 발견할 때 사용했던 음극선관 실험 장치와 함께 사진을 찍었다. 마리 퀴리는 화학 실험에서 사용하는 플라스크를 들고 사진을 찍었는데, 이 플라스크 속에는 라듐을 분리할 때 사용한 화학물질이 들어 있었다. 라듐 발견으로 그녀는 노벨상을 받았다.

♦

실험실의 과학자라고 하면 보통 흰 실험복을 입고 현미경을 보는 사람을 떠올린다. 그런데 과학자 모두가 흰 가운을 입는 것은 아니다. 화학자나 생물학자는 흰 가운을 입는 경우가 많지만 물리학, 지구과학, 생태학, 공학 실험실에서는 흰 가운을 보기 힘들다. 화학자나 생물학자는 주로 염산 같은 화학물질이나 생물 실험에 사용되는 시료가 옷에 튀는 것을 방지하기 위해서 가운을 입는다. 방사능 실험을 하는 곳에서는 방사능을 막아주는 방호복을 입기도 하고 물리학과 재료공학의 일부 실험실에서는 방진복을 입는 경우도 있지만, 그럴 염려가 없는 다른 분야에서는 가운이 거추장스럽기만 하다. 국립과천과학관의 이정모 관장은 한국에서 공부할 때에도 흰 실험복은 '폼으로' 입었고, 독일에서 공부할 때는 자신을 포함한 연구원 누구도 실험복을 입지 않았다고 회고했다. 병원에서 일하는 의사들 거의 전부가 흰 가운을 입는 데 비해 실험실 과학자들 중에 흰 실험복을 입는 사람은 많지 않다.

18세기 실험복

실험과학자를 생각하면 바로 떠오르는 이 하얀 실험 가운은 어디서 유래했을까?[1] 18세기 말의 그림을 보면 실험하는 화학자가 앞치마 같은 것을 두르고 있다. 동물 해부를 많이 했던 19세기 생리학자도 앞치마 같은 것을 두르고 실험을 했다. 옷에 화학약품이나 피가 튀는 것을 방지하기 위해서였을 것이다. 이런 분야에서 점차 가운을 제작해서 입게 되었는데 당시 과학자가 입던 가운은 흰색이 아니라 짙은 베이지색이었다. 실험복의 목적은 과학자와 옷을 보호하기 위한 것이었기 때문에, 흰색보다는 오염 물질이 묻어도 잘 보이지 않는 베이지색이 더 실용적이었던 것이다.

19세기 말에는 병원의 의사들이 가운을 입기 시작했다. 가운을 입음으로써 마치 과학자처럼 보일 수 있었기 때문이다. 당시 의술은 '비과학적이다', '사이비다'라는 비판을 받고 있었는데, 엄밀하고 참된 지식을 발견하는 과학자의 가운을 빌려와서 의학도 과학 같은 엄밀한 학문이자 실천이라는 인상을 주려고 한 것이다. 그런데 이 과정에서 의사들은 가운의 색깔을 베이지색에서 흰색으로 바꾸었다. 흰 가운은 의술을 실천하는 의사가 청결하고 순수하다는 느낌을 주어, 의사에 대한 신뢰와 권위를 높일 수 있다고 생각했기 때문이다. 마치 예전에 종교 지도자들이 흰 망토를 즐겨 입었던 것처럼 말이다. 의사가 흰 가운을 입자 간호사도 흰 가운을 입게 되었다. 20세기가 되면서 흰 가운은 의료인을 상징하게 되었고, 더 시간이 지나면서 이 흰 가운이 다시 과학자의 실험실로 들어왔다. 앞에서 말했듯이 짙은 베이지색 실험복을 입던 화학자와 생물학자들이 서서히 흰 가운을 입기 시작한 것이다.

실험실에서 연구하는 과학자를 실제로 본 적이 거의 없는 사람들도 과학자라고 하면 대개 흰 가운을 떠올리는데, 아마도 과거의 경험 때문일 가능성이 크다. 중고등학교에서 실험을 하면서 흰 가운을 입는 경우가 있고, 대학교 1학년 때 듣는 화학 실험이나 생물학 실험 수업 때도 흰 가운을 입기 때문이다. 그런데 이것만으로는 설명이 잘 안 되는 상황도 있다. 아래는 과학 커뮤니케이션 연구자가 녹음한, 실제로 가운을 입고 실험을 해본 적이 없는 스페인 바르셀로나 초등학생들의 대화이다.[2]

소년 1: 그래, 누군가가 '과학자'라고 하면 넌 실험실에서 일주일에 8일을 일하는 사람, 흰 가운을 떠올리지. 그건 정말 얼빠진 일이야.

소녀 1: 난 아인슈타인을 생각했어. 그가 바로 그렇잖아. 흰 가운을 입고 안경을 썼지.

소녀 1은 아인슈타인이 흰 가운을 입었다고 했는데, 실제로 흰 가운을 입은 아인슈타인의 사진은 한 장도 없다. 앞에서도 이야기했듯이 아인슈타인은 실험물리학자가 아니었기 때문에 흰 가운을 입을 일이 없었다. 그런데 왜 소녀 1은 흰 가운을 입은 아인슈타인 이야기를 하는 것일까? 이들과 나이가 비슷한 파리의 한 초등학생은 이렇게 말한다.

소녀 2: 누가 나에게 '과학자'라는 말을 하면, 내 머릿속에 떠오르는 사람은 실험실에서 흰 가운을 입고 일하는 늙은 사람이야.

왜 아이들이 이렇게 생각할까? 이에 대해서 다른 소년이 한 이야기가 정곡을 찌른다.

소년 2: 그래, 그런데 그런 이미지는 만화에 나오는 거잖아.

여러 아이: 그래, 맞아.

아이들이 만화나 영화에서 보는 과학자는 도수가 높은 안경을 쓰고, 흰 가운을 입고, 연기가 나는 플라스크를 가지고 무서운 결과가 나오는 실험을 하는 사람들이다. 아이들이 중고등학교에 들어가서 실험을 해보기 전에, 실제로 흰 가운을 입어보기 전에, 흰 가운을 입은 과학자를 보기 전에, 대중문화의 영향으로 흰 실험복을 입은 과학자 이미지가 아이들의 머리에 깊게 새겨진 것이다.[3]

위의 아이들은 구체적으로 어떤 영화나 만화에서 과학자의 이런 이미지를 봤는지 이야기하지 않지만, 과학자가 이런 모습으로 등장하는 작품은 수없이 많다. 영화 〈어벤저스 2〉에서 헐크로 변하는 브루스 배너 박사는 자주 흰 가운을 입고 등장한다. 영화 〈어메이징 스파이더맨〉에서 스파이더맨의 여자친구 그웬 스테이시도 흰 가운을 입을 때가 많다.

영화에서 흰 가운을 입고 등장하는 가장 유명한 과학자는 〈백투더퓨처〉에서 타임머신을 만든 과학자 에미트 브라운 박사일 것이다. 브라운 박사는 산발한 백발을 휘날리고 꼬질꼬질하게 때가 탄 흰 가운을 입고 등장하는데, 성격 또한 어디로 튈지 모르는 괴팍한 인물이다. 그는 부리부리한 눈을 이리저리 굴리면서 원자폭탄의 재료인 플루토늄을 훔치는 등 기이한 행동을 하는 '매드 사이언티스트'다. 그의 산발한 머리는 아인슈타인의 헤어스타일과 비슷한데,

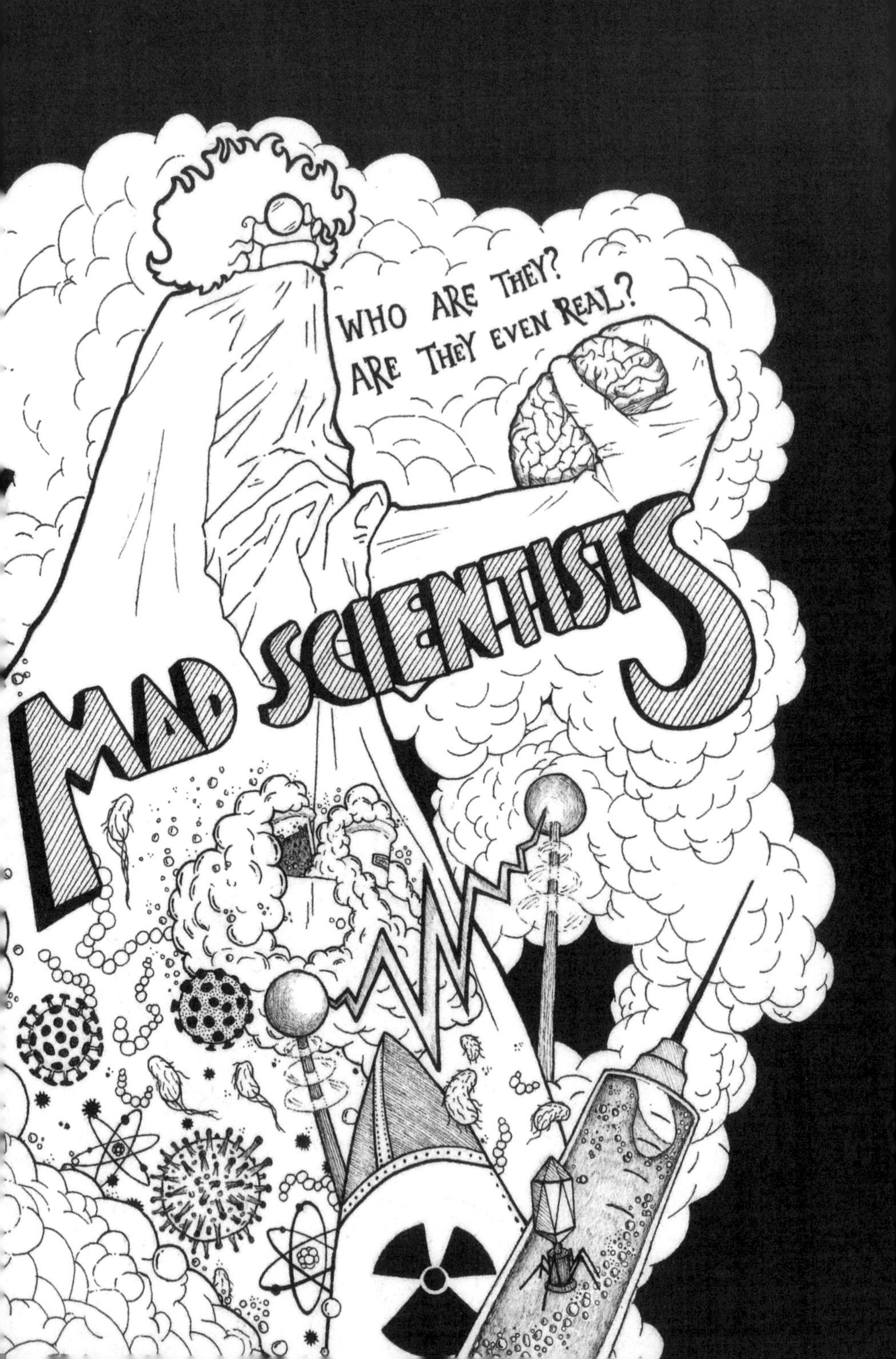
WHO ARE THEY?
ARE THEY EVEN REAL?
MAD SCIENTISTS

실제로 브라운 박사 역을 맡은 배우 크리스토퍼 로이드는 배역 제안을 받고 처음 떠오른 인물이 흰 머리칼을 산발한 아인슈타인이었다고 한다. '아인슈타인'은 영화에서 브라운 박사가 키우는 개 이름이기도 하다.

〈백투더퓨처〉에서 브라운 박사는 독일의 폰 브라운von Braun 가문인 것으로 나온다. 그런데 실제로 독일 과학자 중에 폰 브라운 이름의 과학자가 있었다. 최초로 로켓을 만든 인물로 과학사에 기록된 베른헤르 폰 브라운Wernher von Braun이다. 폰 브라운은 어릴 때 로켓을 타고 달에 가는 이야기를 담은 쥘 베른의 《지구에서 달까지De la terre à la lune》(1865)라는 소설을 탐독하고 나중에 어른이 되면 로켓을 연구하리라 결심했다고 한다. 쥘 베른은 영화 〈백투더퓨처〉의 브라운 박사가 가장 좋아하는 작가이기도 하다. 폰 브라운은 커서 로켓 개발의 주역이자 더 나중에는 인간을 최초로 달에 보낸 미국의 아폴로 프로젝트를 이끈 주인공이 되었다.

이렇게 〈백투더퓨처〉의 '미친 과학자' 브라운 박사는 20세기의 대표적인 과학자로 꼽히는 아인슈타인과 폰 브라운의 이미지를 합쳐서 탄생시킨 인물이라고 할 수 있다. 그런데 아인슈타인과 폰 브라운 모두 2차 세계대전의 무기 연구와 관련이 있었다. 히틀러 치하의 나치 독일은 폰 브라운이 발명한 로켓 V2를 영국을 공격하는 미사일로 사용했는데, 이 공격으로 1만 명 가까운 사망자가 발생했다. 전쟁이 끝나고 미국은 폰 브라운을 비롯해 V2 개발에 참여한 과학자들을 전범 재판에 세우는 대신, 대거 미국으로 데려와서 로켓 연구를 시켰다. 이들은 아폴로 프로젝트는 물론, 중장거리 미사일 개발에도 큰 공헌을 했다.

아인슈타인은 1939년에 미국 루스벨트 대통령에게 편지를 써서 독일이 원자폭탄을 만들기 전에 미국이 먼저 원자폭탄 연구에 돌입해야 한다고 주장했다. 이 편지를 읽은 루스벨트 대통령은 '우라늄 위원회'를 만들어서 원자폭탄 연구를 검토시키는데, 위원회의 활동은 나중에 실제 원자폭탄을 제조한 맨해튼 프로젝트로 이어진다. 1945년에 히로시마와 나가사키에 원자폭탄이 떨어져서 수많은 민간인 사상자가 나자 아인슈타인은 자신의 행동을 죽을 때까지 후회했다.

이처럼 실험실 과학자의 흰 실험복에는 좋은 이미지만 있는 것이 아니다. 오히려 과학자의 흰 실험복은 세상을 파멸로 이끄는 연구를 하다가 스스로 파멸하는 미친 과학자의 이미지에 맞닿아 있다. 우리나라에서는 1965년 〈007 살인번호〉로 개봉됐던 첫 007시리즈 〈007 Dr. No〉에서 007에 대적하는 악당 닥터 노는 항상 흰 실험복 비슷한 의상을 입고 등장한다. 그는 자메이카 섬에 비밀 실험실을 차려 놓고 몰래 핵무기를 개발

〈007 Dr. No〉의 닥터 노

하면서 미국의 머큐리 우주탐사 계획을 좌절시키려 한다. 이런 첩보를 입수한 007 제임스 본드는 이 섬에 잠입해서 그의 실험실을 폭파하는 데 성공한다. 닥터 노는 007과 싸우다가 자신이 만든 실험 설비에 빠져서 비참한 최후를 맞는다.

♦

실험실에서 실험에 몰두하는 과학자는 정말 두꺼운 안경을 끼고, 실험복을 입고, 정신없고, 머리는 산발한 그런 사람일까? 물론 그렇지 않다. 실험실의 과학자들도 보통 사람들과 다를 바가 없다. 실험복을 입지 않고 가벼운 평상복 차림으로 실험을 하는 사람도 많다. 과학자 중에는 외모와 패션에 무척 신경을 쓰는 사람도 있고, 그렇지 않은 사람도 있다. 깔끔한 정장을 선호하는 사람도 있고, 털털히 티셔츠와 청바지를 즐기는 사람도 있다. 머리에 염색을 한 사람도, 피어싱을 한 사람도, 문신을 한 사람도 있다. 회사에 다니는 사람들의 외모가 제각각이듯이, 과학자도 마찬가지다.

실험실을 책임지는 과학자는 어떤 면에서는 기업의 팀을 책임지는 관리자와 비슷하다고 할 수 있다. 팀장이나 부장처럼, 실험실을 책임지는 과학자도 구성원들이 능력을 최대한 발휘할 수 있도록 노력한다. 실험실에서는 최신 연구를 분석하는 '저널 미팅', 연구원들이 실험한 내용을 발표하는 '데이터 미팅'은 물론, 그 외에도 여러 종류의 공식적이고 비공식적인 미팅이 진행된다. 이런 미팅은 회사에서 하는 회의와 별반 다르지 않다. 연구원들은 자신의 발표가 있는 날에는 며칠 밤잠을 설치면서 준비를 한다. 실험실 책임자는 가끔 회식을 하거나 엠티를 가고, 연구원들의 경조사를 함께하며, 생일을 챙기면서 멤버들 사이의 유대감을 강화한다. 이 또한 회사의 팀장 역할과 흡사하다.

실험실 책임자는 연구원 각각의 장점과 다양성을 끌어내어 이를 융합함으로써 팀의 창의성을 최대한 끌어내기 위해 노력한다. 다양성은 창의성의 가장 큰 원천이다. 이 과정에서 연구원들 사이에는 다양한 분업과 협업이 이루어진다. 분업과 협업을 효율적으로 진행하기 위해서는 연구원들 사이에 서로를 신뢰하는 분위기가 필수이며, 실험실 책임자는 이런 신뢰 문화를 만들기 위해 노력한다. 신뢰가 없으면 연구원들은 자신이 연구한 결과를 공개하고 공유하기보다는 숨기는 전략을 택하기 때문이다. 또 실험실 책임자는 연구 결과를 발표하고 출판하는 기회를 적극적으로 만든다. 새로운 분야를 여는 학자들은 아예 학술지를 창간하기도 한다. 이런 기회를 잡기 위해서는 평소 유명한 학술지의 편집인들, 학회를 조직하는 조직 위원회의 멤버들, 자기 분야에서 영향력 있는 과학자들과 친분을 맺을 필요가 있다. 이렇게 해야 자기 실험실 출신의 연구원들이 논문을 출판하고 좋은 직장을 잡는 데 유리하다.[4]

실험실을 운영하는 과학자는 연구비 지원 기관의 실무자, 기자, 관료를 상대해서 이들을 설득해야 할 때도 있다. 실험실을 운영하는 데는 돈이 필요하고, 어떤 때는 여론의 지지도 얻어야 하기 때문이

다. 이렇게 실험실의 과학자가 연구원을 교육하고 조직하고 격려하면서 연구를 이끌고 나가는 과정은, 기업이나 공공기관의 팀장이 팀을 이끌고 나가는 과정과 유사한 점이 많다.

물론 차이점도 있다. 기업의 경우에 팀장은 주로 팀원들을 자극하고 격려하는 일을 하지만, 실험과학자들은 연구원들만이 아니라 자연에 존재하는 비인간을 상대해야 한다. 세균, 바이러스, 줄기세포, 항체, 전자, 전파, 레이저, 플루토늄, 결정, 단백질, DNA, 생쥐, 꼬마선충을 다뤄야 한다는 말이다. 이들을 잘 다뤄 과학자의 편으로 만들어야 한다. 19세기 독일 화학자 리비히의 실험실에는 리비히와 수많은 학생들, 학생들을 감독하는 조교, 무거운 장비를 나르는 일꾼들이 바글거렸다. 여기에 더해서 그의 실험실에는 수없이 많은 화학약품, 비커, 플라스크, 증류기, 화로, 환기 장치 등도 널려 있었다. 리비히는 사람뿐만 아니라 이런 약품과 기구들까지 능숙하게 다뤄 거기서 새로운 지식이나 현상을 얻어내야 했다.

6장에서 자세히 살펴본 것처럼 파스퇴르가 백신을 만들기 전에는 세균의 위력이 막강했다. 파스퇴르는 실험실에서 이 세균을 적절하게 약화시키는 법을 발견했고, 이를 이용해서 백신을 만들었다. 세균을 인간 편으로 끌어온 것이다. 다른 사례도 있다. 볼록 렌즈를 사용해서 태양빛을 모으면 신문지를 태울 정도의 에너지를 얻을 수 있는데, 양자역학을 이용한 빛의 '유도방출stimulated emission'로는 이보다 수백만 배 더 큰 에너지를 얻을 수 있다. 처음에는 이런 유도방출을 얻어낼 수 있는 물질이 정말로 존재하는지도 불분명했다. 그렇지만 유도방출을 가능케 하는 물질을 찾기 위한 실험을 계속해, 마침내 루비 같은 물질을 찾아내서 루비 레이저를 만들었다. 이 발견 이후에 과학자들은 유도방출을 하는 새로운 물질을 계속해서 발견하거나 만들어냈다. 이제 레이저는 실험실은 물론 물건을 만드는 공장, 병원의 수술실, 강의실과 세미나실에서까지 널리 사용되고 있다.

◆

위에서는 인간에게 길든 세균과 레이저의 예만 들었다. 그렇지만 바이러스, 줄기세포, 항체, 전자, 전파, 플루토늄, 결정, 단백질, DNA, 생쥐, 꼬마선충 같은 비인간들은 모두 까칠해서 아직도 길들지 않은 것들이 많다. 세균 백신은 많이 개발됐지만, 바이러스 백신이 거의 없는 것만 봐도 이를 알 수 있다. 줄기세포는 건강한 장기를 재생할 수 있는 마법의 세포지만, 배아줄기세포는 상당한 윤리적 문제를 안고 있다. 플루토늄은 엄청난 에너지를 만들어내지만, 그 과정에서 예기치 않은 치명적인 위험도 동반한다. 과학자가 이 까칠한 비인간들을 길들여 유순하게 만드는 과정은, 마치 오래전에 호모 사피엔스가 멧돼지와 늑대를 길들여서 돼지와 개를 만든 과정과 비슷하다. 동물은 울타리 안에서, 비인간은 실험실에서 길든다. 그런데 어떤 동물은 끝내 가축으로 길들일 수가 없었듯이, 아무리 해도 길들일 수 없는 비인간들도 있을 것이다. 이제 실험실에 어떤 비인간들이 바글거리는지 살펴보자.

11장

실험실의 살아 있는 생명체들

2017년 1월, 한 대학 병원에서 실험동물 위령제가 열렸다. 보통 위령제에서는 돼지머리를 놓고 제사를 지내지만, 죽은 동물의 영혼을 위로하기 위한 이 위령제에 돼지머리를 쓸 수는 없었다. 의사와 연구자들은 돼지머리 대신에 각종 동물 사료와 동물이 좋아하는 과일을 놓고, "우리는 감사한다"는 구절이 적힌 팻말에 예를 갖춤으로써 세계적으로 매년 2억 마리씩 희생되는 실험동물에 고맙고 미안한 마음을 전했다. 2020년 6월 정부 발표에 따르면, 국내에서 2019년 한 해 동안 희생된 실험동물만 370만여 마리에 이른다.

동물 위령제

1970년대에 동물권에 대한 인식이 생기면

서 동물실험에 대한 사회적 비판이 일기 시작했다. 토끼의 눈에 화장품 원료인 화학약품을 바르고 그 독성을 살피는 실험이 이런 비판의 첫 번째 표적이 되었다. 이 실험에서 수많은 토끼가 눈이 멀었는데, 사람이 조금 더 아름다워지기 위해서 동물의 삶에 위해를 가하는 것은 비윤리적이라고 많은 이들이 비난했다. 그런데 사실 토끼 실험이 대중에게 알려지기 훨씬 이전부터 실험실에서는 온갖 동물이 실험 대상이 되었다.

오래전부터 동물의 생리를 연구하면서 개가 수없이 해부되었고, 18~19세기 생리학 실험에서는 셀 수 없을 만큼 많은 개구리가 희생됐다. 이탈리아 해부학자인 루이지 갈바니Luigi Galvani는 잘라낸 개구리 다리에 금속을 갖다 댔을 때 개구리 다리가 움츠러드는 것을 발견한 뒤에 이를 동물전기의 한 사례로 보고했다. 갈바니의 이 실험으로 전 유럽에서 개구리 실험이 대유행했다. 토끼는 광견병에 걸렸을 때 광폭해지는 대신에 뻣뻣하게 굳어버리는데, 이 때문에 19세기 내내 광견병 연구에 토끼가 사용되었다. 파스퇴르는 토끼에 광견병균을 주사한 뒤에 그 척수를 꺼내 말리면 세균이 약해진다는 사실을 발견했고, 이를 기초로 효과적인 광견병 백신을 만들 수 있었다. 물론 이 성공을 위해서 다시 수많은 토끼가 희생되어야 했다.[1]

19세기에는 개를 대상으로 한 실험이 유독 많았다. 19세기 프랑스 생리학자 프랑수아 마장디François Magendie는 건강한 개에게 설탕만을 먹이면 개가 32일 후에 죽는다는 것을 보임으로써, 설탕에 칼로리는 있어도 생존에 꼭 필요한 영양소는 없다는 것을 증명했다.

그는 동물실험을 통해 운동신경과 감각신경을 처음 구분하기도 했다. 그의 제자인 클로드 베르나르 또한 스승처럼 동물을 산 채로 해부하는 실험을 많이 했는데, 그의 실험은 애꿎게도 그와 부인을 갈라놓는 원인이 되기도 했다. 개를 무척 좋아하던 부인은 남편의 실험을 비판하다가 결국 이혼하고 동물 보호 단체에서 동물을 구출하는 일에 종사했다. 러시아의 생리학자 파블로프는 개의 침샘을 몸 밖으로 꺼내서 개가 어떤 자극을 받았을 때 침을 흘리는지를 연구하여 우리가 잘 아는 '조건반사'라는 개념을 창안했다. 파블로프는 실험을 위해 개를 되도록 오래 살려두어야 했지만, 침샘을 수술하는 과정이나 실험 도중에 많은 개가 죽는 것을 피할 수는 없었다.

실험실에서는 개구리와 개는 물론 토끼, 원숭이도 실험 연구의 대상이 되곤 한다. 1998년 노벨 생리의학상은 '심혈관 시스템에서 신경전달물질로 기능하는 일산화질소에 관한 연구'로 로버트 퍼치곳Robert Furchgott, 루이스 이그내로Louis Ignarro, 페리드 머래드Ferid Murad가 공동 수상했는데, 이들의 연구에는 토끼가 쓰였다. 가장 돈이 많이 드는 실험은 원숭이를 대상으로 한 실험이다. 원숭이는 신약을 개발할 때 사람을 대상으로 하는 임상 이전 단계의 실험에 자주 쓰이는 동물이다. 원숭이 실험에서는 약물을 사용해서 원숭이에게 인위적으로 질병을 유도하고, 다시 치료제를 주입해서 이 치료제가 효과가 있는지를 살펴본다. 병 주고 약 주는 셈이다. 우리나라에서도 신약 개발이 활기를 띠면서 영장류 실험의 필요성이 점차 커졌고, 이런 목적으로 2018년 정읍에 원숭이 3,000마리를 키울 수 있는 영장류센터를 세웠다. 센터가 개소하던 날 붉은원숭이 한 마리가 고압선이 흐르는 철책을 넘어 산으로 도망쳤고, 14일 만에 구조되는 해프닝이 있었다. 실험실이라고 해도 살아 있는 동물을 완벽하게 통제하는 것은 매우 어려운 일이다.

♦

실험에 사용되는 생명체는 우리가 잘 아는 몇몇 동물에 한정되지 않는다. 특히 20세기에 들어오면서 과학자들은 개구리, 토끼, 개 외에 다양한 동물을 실험에 이용하기 시작했다. 대표적으로 생쥐와 초파리, 얼룩말처럼 줄무늬가 있는 물고기 제브라피시가 있다. 1밀리미터 정도로 작은 벌레인 예쁜꼬마선충, 애기장대나 옥수수 같은 식물도 과학자들의 논문에 자주 등장하며, 사카로미세스 세레비시아Saccharomyces cerevisiae라는 복잡한 이름을 가진 효모, 대장균 같은 세균, 세균 먹는 바이러스 박테리오파지도 중요한 실험 생물이다. 이 모든 생명체가 실험에 사용되지만 식물이나 균을 '동물'이라고 부를 수는 없기에, 이들을 총칭해서 '모델생물model organism'이라고 한다.[2]

모델생물이라는 단어를 보면 '생물'이라는 말은 이해가 되는데, 왜 앞에 '모델'이 붙었을까 의아해진다. 왜 '실험생물'이 아니라 '모델생물'일까? 위키피디아 한글판에서는 모델생물을 이렇게 정의하고 있다.

모델생물은 생물학의 현상을 연구하고 이해하기 위해 특별히 선택되는 생물종이다. 모델생물을 통해 발견한 사실은 다른 여러 생물에게도 적용될 수 있다. 특히 모델생물은 인간의 질병을 연구하기 위해 인체 실험을 대신하여 널리 이용된다.

즉 모델생물은 생명현상, 특히 인간의 생물학적 기능과 질병을 연구하기 위해서 모델이 되는 생물이다. 박테리오파지는 전자현미경으로 봐야 모양이 또렷하게 보일 정도로 작은 바이러스이지만, 유전자의 기능과 역할을 연구하는 데 매우 적합한 모델생물이다. DNA가 유전물질이라는 사실도 박테리오파지를 대상으로 한 실험에서 밝혀졌다. 예쁜꼬마선충은 생명체의 발생, 신경과 뇌의 기능 등을 연구하는 데 많이 사용된다. 예쁜꼬마선충의 유전체는 다세포 생물 중에서 가장 먼저 해독되었고, 신경세포의 연결망까지 밝혀졌다. 이 작은 생명체의 염색체 끝부분인 텔로미어telomere가 줄어드는 기작에 대한 연구로 인간 노화의 비밀을 풀 수 있을 것이라는 기대감도 높아지고 있다. 텔로미어의 수축을 억제하면 선충의 수명이 연장된다는 사실이 밝혀졌기 때문이다. 애기장대 같은 식물은 작은 게놈을 가지고 있다는 이유로 분자생물학에서 많이 사용되며, 옥수수는 유전과 변이 연구 목적으로 많이 이용된다. 유전학자 바버라 맥클린톡Barbara McClintock은 옥수수 유전 연구로 '전이성 유전자jumping gene'를 발견해서 1983년에 노벨 생리의학상을 수상했다.

모델생물로 가장 많이 사용되는 동물은 쥐다. 쥐는 심리학, 발생

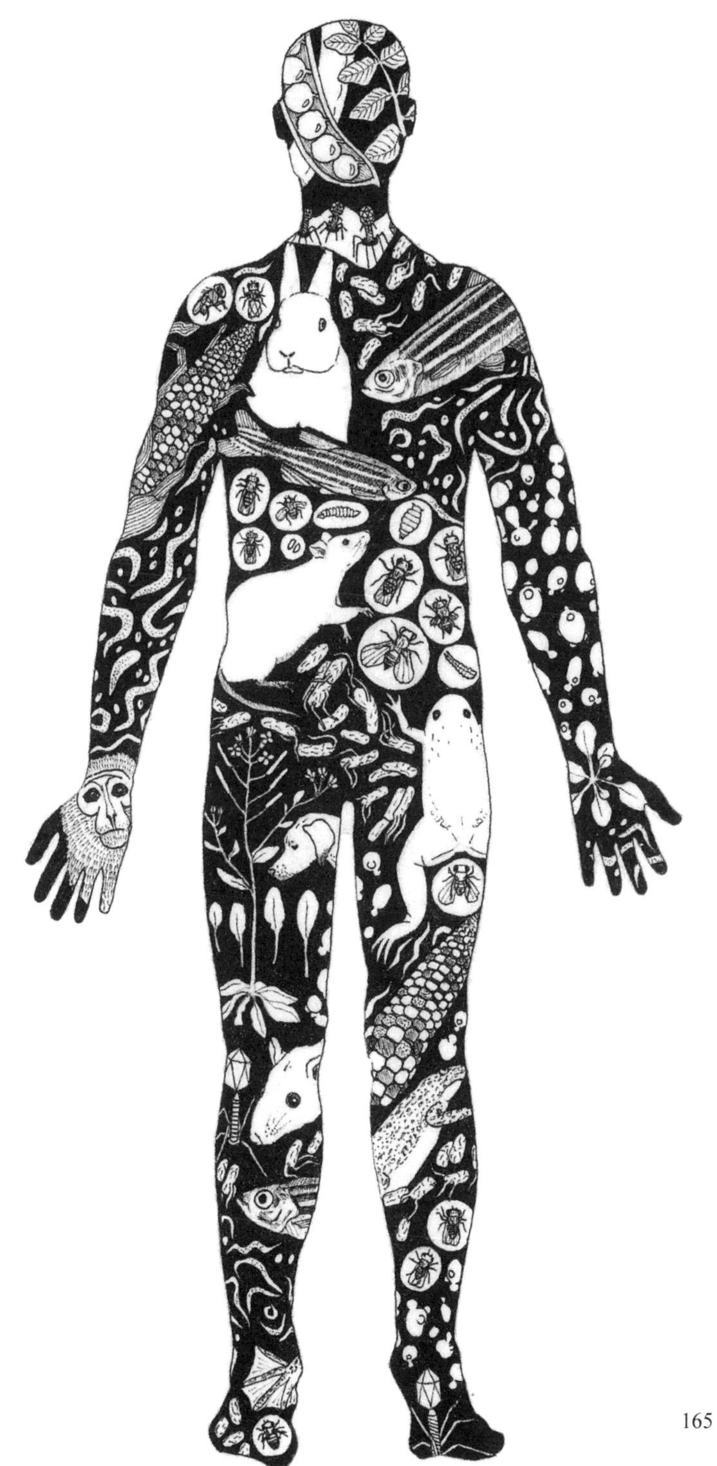

학, 해부학, 종양학, 유전학 등 생명과학의 거의 전 영역에서 모델생물로 사용된다. 영어에서 쥐를 의미하는 단어로 'rat'과 'mouse'가 있는데, 이 둘은 분명히 구별된다. rat은 하수구 같은 데서 보는 큰 집쥐이고, mouse는 우리가 생쥐라고 하는 작은 쥐다. 집쥐가 본격적으로 실험실에 들어온 것은 1906년에 미국 위스타 연구소Wistar Institute에서 위스타 쥐를 만들고 난 뒤부터다. 위스타 쥐는 헬렌 킹Helen King이라는 과학자가 알비노 쥐를 가지고 10년 동안 근친교배를 한 끝에 만들어낸 표준화된 쥐였다. 이 위스타 쥐는 단기간에 대표적인 모델생물로 자리잡게 된다. 생쥐 역시 20세기 초엽에 표준화됐고, 이후 집쥐만큼 광범위하게 실험실에서 사육되고 사용되고 있다. 1980년대 중반에는 암 유전자가 활성화돼 특정한 암을 가진 온코마우스Oncomouse가 등장했고, 1989년에는 마리오 카페키Mario Capecchi, 올리버 스미시스Oliver Smithies, 마틴 에번스Martin Evans가 특정한 유전자를 결손시킨 녹아웃 생쥐knock-out mouse를 만들어 이 업적으로 2007년에 노벨 생리의학상을 수상했다. 녹아웃 생쥐 같은 실험동물 덕분에 암과 유전체 연구에 새로운 지평이 열렸다.[3]

모델생물로 과학자들이 애용하는 또 다른 생명체는 초파리다. 초파리와 관련된 노벨상 업적만 해도 지금까지 적어도 여섯 개는 된다. 유전학자 스티브 존스Steve Jones는 "초파리는 마치 과학자들을 위해 디자인된 존재 같다"고 논평했을 정도로 '국보급' 모델생물이다. 무엇보다 초파리는 매우 흔한 곤충이다. 여름에 조금이라도 부패가 진행된 음식 냄새가 나면 바로 몰려들기 시작한다. 게다가 초파리는 육안과 현미경으로 충분히 연구할 수 있고, 염색체 수도 적고, 금방 번식하기 때문에 1년에 30세대를 관찰할 수 있다. 게다가 돌연변이와 잡종 교배도 쉽다. 이 모든 속성 때문에 마치 실험과학자를 위해 태어난 존재 같다는 것이다.

초파리를 실험에 필수적인 존재로 만든 과학자는 미국의 유전학자 토머스 모건Thomas Morgan이다.[4] 모건은 1906년에 초파리를 실험실로 데리고 들어왔고, 이후 초파리를 연구하는 유전학 학파를 세웠으며, 초파리를 이용한 연구로 1933년에 노벨상을 받았다. 초파리는 염색체에 있는 유전자를 연구하는 데 특히 유용한 것으로 드러났고, 모건의 제자들은 미국 주요 대학에 초파리를 이용한 유전학 연구실을 정착시켰다. 모건은 모델생물로서 초파리가 지닌 장점을 잘 파악하고 이를 이용해서 20세기 생물학의 새 장을 연 선구자로 평가받는다.

♦

모건 같은 과학자는 초파리의 장점을 잘 알아서 이를 모델생물로 이용한 것일까? 20세기 과학사를 보면 실제로 모델생물의 장단점을 전부 고려한 뒤에 이를 실험실에 도입한 연구자도 있었다. 1920년대에 독일 생리학자 오토 바르부르크Otto Warburg는 광합성을 연구하기 위해 성장이 빠르고, 잘 움직이지 않고, 발달 주기가 단순한 식물을 찾아나섰다. 그가 최종적으로 찾은 식물은 나무나 풀이 아닌 녹

조류 클로렐라였다. 그는 클로렐라 실험을 통해 광합성 과정에서 필요한 빛의 양을 정확하게 알아낼 수 있었다.[5]

예쁜꼬마선충도 처음부터 목표를 설정하고 대상을 열심히 찾은 결과였다. 분자생물학자 시드니 브레너Sydney Brenner는 단세포 생물을 가지고 실험을 하는 데 한계를 느끼고 간단한 다세포 생물로 눈을 돌렸다. 그는 두꺼운 동물학 책을 뒤져서 자신이 원하는 특성을 지닌 예쁜꼬마선충을 찾아냈다. 그는 꼬마선충의 돌연변이를 연구해서 1974년에 기념비적인 논문을 냈는데, 이 연구로 2002년 노벨상을 받았다. 이 논문은 지금까지 14,000회가 넘게 인용됐다. 브레너는 노벨상 수상 연설에서 예쁜꼬마선충 같은 모델생물을 "자연이 과학에 주는 선물"이라고 높게 평가하면서, 자신의 파트너라고 할 수 있는 꼬마선충의 역할을 치켜세웠다.[6]

그렇지만 모건의 초파리는 바르부르크의 클로렐라나 브레너의 예쁜꼬마선충과는 경우가 달랐다. 20세기 초엽의 모건은 유전학자가 아니라 실험 진화학자였다. 그의 실험실은 비둘기, 닭, 불가사리, 개구리, 쥐 같은 온갖 동물로 바글거렸다. 그는 개구리 알로 발생 실험을 했고, 세대에 따라 비둘기의 꼬리 색깔이 어떻게 바뀌는지에 대해서 연구를 진행하기 위해 비둘기를 키우고 교배했다. 실험 진화학 연구를 위해서는 야생종을 연구해야 한다고 믿었던 그가 초파리에 주목한 이유는 초파리가 길들지 않은 야생이면서도 도시에서 쉽게 포획할 수 있었기 때문이다. 모건은 초파리를 잡아 실험실에서 배양해서 개체수를 늘려나갔다.

그런데 이렇게 실험실로 들어온 초파리는 진화학 연구를 위해서는 필수적인 발생 연구에 맞지 않는 특성을 보였다. 발생 연구를 위해서는 난자가 필요한데, 초파리의 난자는 작고 조작이 어려울 뿐만 아니라 불투명했다. 게다가 수백 개의 핵이 하나의 세포에 모여 있었다. 초파리는 모건이 생각한 실험의 대상이 되는 것을 거부했다. 1910년 1월에 모건은 자신의 일지에 "이 초파리들을 2년 동안 길렀는데 아무것도 얻지 못했다"라고 한탄하는 메모를 적었다.

그런데 바로 이 시점에 예상치 않았던 이변이 생겼다. 모건은 다른 초파리와 확연하게 구별되는 진한 몸을 가진 초파리 몇 마리를 발견했고, 이것들을 동종교배해서 '위드with'라는 돌연변이를 만들어내는 데 성공했다. 이후 새로운 돌연변이들이 계속 발견되거나 만들어지기 시작했다. 몸의 색에 돌연변이를 일으킨 올리브olive, 날개 축이 다른 스펙speck, 구슬 모양의 날개를 한 비디드beaded, 눈이 하얀 화이트white, 날개가 미발달한 루디멘터리rudimentary, 눈 색이 핑크인 핑크pink, 몸통이 작은 미니어처miniature 등 일련의 돌연변이가 속속 등장했다. 흥미롭게도 눈이 흰 화이트는 수컷 초파리에서만 발견되었는데, 이는 흰 눈의 돌연변이 인자가 성을 결정하는 성염색체 위에 있다는 것을 의미했다.

모건은 이 돌연변이 초파리들을 가지고 멘델의 유전법칙을 실험해보는 쪽으로 연구 방향을 바꿨다. 멘델은 콩으로 실험을 해서 유명한 유전법칙을 얻어냈다. 1902년에 프랑스 유전학자 뤼시앵 케노Lucien Cuénot는 쥐를 가지고 멘델의 법칙을 다시 증명했는데, 쥐 실험은 돈이 많이 들고 시간이 오래 걸렸기 때문에 모건은 초파리로 이 실험을 확인해보겠다고 생각한 것이다. 이렇게 연구의 방향이 바뀌면서 모건 실험실의 연구원이었던 스터티번트Alfred Sturtevant는 초파리 염색체에서 여러 돌연변이를 관장하는 유전자의 상대적 위치를 결정하는 작업에 착수해 1913년에 역사상 최초로 간단하게나마 초파리의 '유전자 지도'를 그리는 데 성공했다. 그러면서 모건의 실험실은 이제 초파리의 유전자 지도를 그리는 쪽으로 연구의 초점을

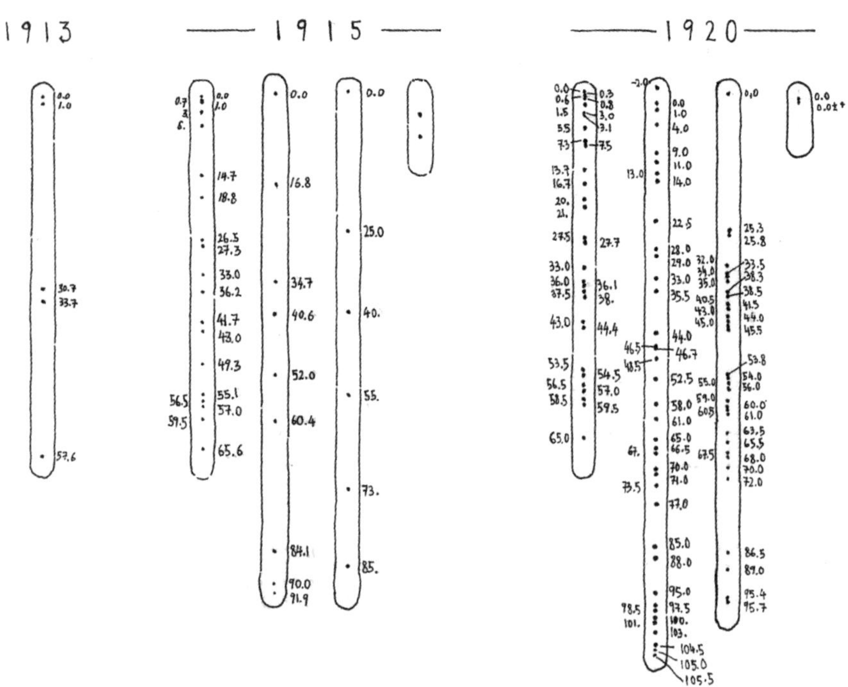

모건과 연구팀의 초파리 유전자 지도가 단기간에 진화하는 모습.

바꾸었다. 실험 진화학에 대한 관심으로 초파리를 실험실로 가지고 들어왔지만, 모건의 실험실에 안착한 초파리가 모건의 연구 방향을 예상치 못한 방향으로 바꾸어버린 것이다.[7]

모델생물이 과학자의 연구를 바꾼 사례는 헤리티에Philippe L'Héritier와 테시에Georges Teissier의 경우에서도 볼 수 있다. 이들은 초파리가 훌륭한 모델생물로 자리잡은 1930년대 중반에 초파리를 이용해 치명적인 돌연변이가 어떻게 군집에서 유지되는지 보여주는 실험을 고안했다. 그런데 이 실험 중간에 이들은 초파리 군집을 이루는 초파리 수천 마리를 하나하나 세어야 했다. 움직이는 초파리를 세는 일은 불가능하기에, 헤리티에와 테시에는 이산화탄소로 초파리를 잠깐 마취시킨 뒤에 초파리 개수를 세려고 했다. 그런데 이 과정에서 다른 초파리에 비해 이산화탄소에 훨씬 더 취약해서 죽는 초파리들이 여럿 나왔다. 헤리티에와 테시에는 왜 어떤 초파리들은 이런 성질을 가지고 있을까 하는 문제를 탐구하기 시작했고, 결국 이들은 이산화탄소에 취약한 초파리들의 속성이 모계에서 유전되는 유전적인 특성임을 발견했다. 더 흥미로운 사실은 이것이 염색체, 즉 DNA와는 무관했고, 오히려 세포질의 어떤 요소와 관련이 있다는 것이었다. 이들은 연구를 거듭해서 이 속성이 세포질에 있는 시그마바이러스Sigmavirus에 의해서 유전된다는 것을 발견했다. 이 발견이 무척 흥미로워서, 이후 헤리티에는 아예 바이러스를 연구 주제로 삼는다. 그의 실험실은 바이러스 유전학 연구에서 국제적인 중심이 되었고, 1950년대에는 아예 '바이러스 유전학 실험실'로 이름을 바꾸

었다. 독특한 특성을 보이던 초파리에 대한 관심이 바이러스에 관한 중요한 연구로 넘어간 것이다.[8]

♦

실험실에서 살아 움직이는 존재는 인간만이 아니다. 지금까지 보았듯이 수많은 실험동물과 모델생물이 실험실에서 살았고, 지금도 살고 있다. 그리고 훨씬 더 많은 실험동물이 실험실에서 희생되었다. 과학자 중에 모델생물 자체에 관심을 가지고 이를 연구하는 사람도 있지만, 과학자는 대부분 일반적인 생명현상이나 인간의 질병과 치료약을 연구하기 위해서 모델생물을 사용한다. 유전, 유전자의 기능과 역할, 유전 암호와 단백질 합성, 세포의 기능, 대사, 백신 개발, 암의 발생과 치료, 노화, 뇌와 신경의 역할에 대한 지난 100여 년간의 과학적 성과는 모델생물이 없었다면 불가능했을 것이다. 2017년 인체의 생체 주기를 유전자 차원에서 규명한 연구로 노벨상을 받은 마이클 로스배시Michael Rosbash는 수상 소감에서 자신의 모델생물이었던 초파리에게 감사한다고 했다.

인간 같은 매우 복잡한 생명체를 이해하거나 인간이 걸리는 질병을 치료할 신약을 개발하는 데 초파리나 예쁜꼬마선충 같은 단순한 생명체를 연구한다는 사실은 놀랍다. 복잡한 현상이 간단한 원리로 환원되어 설명될 수 있다고 보는 철학적 환원주의의 관점에서 보면 고등동물은 세포의 개수만 많을 뿐이지, 세포나 유전자의 기작은 단세포 생물과 차이가 없다. 1965년에 노벨 생리의학상을 수상한 프랑스의 분자생물학자 자크 모노Jacque Monod는 "대장균에서 옳다면 코끼리에서도 옳다"라는 유명한 말을 남겼다. 초파리의 유전자 개수는 인간 유전자의 3분의 1을 조금 넘지만, 인간의 암이나 유전질환과 관련된 유전자의 70퍼센트 정도가 초파리에게도 있다고 추산된다. 따라서 초파리의 질환을 연구하면 인간의 질환을 이해할 수 있고 치료 가능성까지 생길 수 있는 것이다. 인간과 쥐의 유전자는 절반 정도 비슷하지만, 단백질 합성과 관련된 유전자는 85퍼센트가 같다고 알려져 있다. 쥐를 대상으로 인간의 암을 연구하고 신약을 테스트하는 것은 그런 이유에서다.

그렇지만 인간이 쥐와 다르다는 것도 명백하다. 진화론의 계통수에서 보면 인간과 쥐는 아주 오래전에 공통 조상을 가졌다가 8,000만 년 전에 분화되어 그 뒤로는 다른 경로를 거치면서 진화했다. 쥐도 사람에게 발병하는 유방암에 걸리지만, 사람에게는 흔한 위암, 대장암, 폐암은 없다. 따라서 쥐를 대상으로 인간의 암을 연구하는 일에는 한계가 있을 수밖에 없다. 항간질 약으로 사용되는 페니토인phenytoin은 인간에게는 발암물질이지만 쥐에게는 암을 유발하지 않는다. 반대로, 쥐에게는 아무런 문제가 없는 약이 인간에게는 치명적인 부작용을 낳을 수도 있다.

1950년대 말에 임신부의 입덧을 없애는 약으로 개발된 탈리도마이드Thalidomide는 쥐 실험에서는 아무런 부작용이 나타나지 않았고, 그 결과 '기적의 약'으로 선전되어 널리 팔렸다. 그렇지만 임신한 여성이 먹었을 때 팔다리가 기형적으로 짧은 아이를 낳는 부작용이 있었다. 이 약의 부작용 때문에 유럽에서만 거의 1만 명에 가까운 사지 기형아가 태어났다. 당시 미국의 식약처장 프랜시스 켈시Frances Kelsey는 탈리도마이드가 사람에게는 수면제 효능이 있지만 동물에게는 그렇지 않다는 것을 이상하게 여기고 미국에서 이 약의 시판을 1년 동안 불허했다. 그녀의 엄격한 잣대에 다국적 제약회사들은 거세게 항의했지만, 이런 규제 덕에 미국 내에서는 탈리도마이드 부작용 사례가 거의 없었다.[9]

탈리도마이드의 비극 이후에 각국의 규제 기관은 사람이 먹는 약의 경우에는 쥐, 닭, 개를 대상으로 한 실험만으로는 안 되고, 꼭 영장류를 대상으로 한 실험을 거치라는 규정을 만들었다. 영장류가 인간과 가장 흡사하기 때문이다. 침팬지의 경우는 인간과 유전자가 98퍼센트 같다. 그런데 인간과 흡사하다는 바로 그 이유 탓에 침팬지를 대상으로 한 실험은 훨씬 더 강하게 비판받는다. 침팬지는 자의식이 있으며, 1970년대의 한 실험에서는 수화 비슷한 말을 배우기까지 했다. 그래서 현재는 침팬지를 비롯한 고릴라, 오랑우탄 등 유인원을 이용한 실험은 전 세계적으로 대부분 금지되어 있다. 오랑우탄, 고릴라, 침팬지, 보노보, 인간은 모두 같은 '사람과Hominidae'에 속한 동물이다. 이 동물들은 원숭이와 달리 꼬리가 없다. 진화의 관점에서 볼 때, 침팬지는 원숭이보다 인간에 더 가깝다. 현재는 원숭이를 대상으로 한 실험만 가능한데 이마저도 동물 보호 단체들의 비판의 표적이 되고 있다.

♦

동물 보호 운동 세력의 공격이 거세지자 연구자들은 실험동물과 거리를 두게 되었다. 동물실험에 대한 공격이 드물던 시절에는 과학자들이 실험동물에 이름을 지어주곤 했다. 1970년대에 수화를 배웠던 침팬지의 이름은 '님 침스키Nim Chimpsky'였는데, 침스키란 이름은 언어가 인간에게만 고유하다고 주장한 유명한 언어학자 노엄 촘스키의 이름을 비꼬아서 만든 이름이다. 당시에 연구자들은 동물을 대상으로 연구를 하다 보면 개별 동물과 끈끈한 유대감이나 애정이 생기는 것은 어쩔 수 없다고 생각했다.

그런데 요즘의 연구자들은 실험동물이 반려동물과는 다른 존재라는 사실을 강조한다. 이를 위한 한 가지 방편으로, 실험동물에 이름을 지어주는 대신에 이들을 숫자나 기호로 부른다. 일례로 한국의 국가영장류센터에서는 파킨슨병 실험 대상인 원숭이를 C916번이라는 숫자로 부른다. 같은 개나 토끼라도 집에서 키울 때는 반려동물이라는 꼬리표를, 실험실에 있을 때는 실험동물이라는 꼬리표를 붙인다. 누가 의도한 것은 아니지만, 숫자로 불리면서 실험의 대상이 되는 실험동물과 예쁜 이름을 부여받고 인간과 애정을 나누는 반려동물 사이의 간극은 더 벌어지고 있는 것이다.

12장

테크노사이언스 실험실의 이상한 존재들

굴리엘모 마르코니Guglielmo Marconi는 1897년에 23세의 나이로 첫 무선전신 특허를 출원해서 인가받은 뒤, 이를 이용한 사업을 벌일 회사를 설립했다. 그는 1901년에 영국과 아메리카 대륙 사이에 무선전신을 개통했고, 1910년에는 전 세계를 무선전신으로 연결했다. 마르코니사는 무선전신을 독점하는 다국적 거대 기업으로 성장했고, 1920년 라디오 시대를 여는 원동력이 되었다. 1937년 7월 20일, 마르코니가 63세로 사망했을 때, 전 세계의 무선전신 송수신국과 라디오 방송국, 아마추어 라디오 애호가들은 마르코니의 사망을 애도하는 뜻으로 2분 동안 모든 무선전신과 라디오를 껐다. 그리니치 표준시각으로 마르코니의 사망 다음 날 5시부터 5시 2분까지 2분간이었다. 그의 조국이었던 이탈리아에서는 5분 동안 껐다. 마르코니가 무선전신을 만든 이래 처음으로, 그리고 아마 당분간은 마지막으로, 지구에서 전파가 사라진 2분이었다.

이제 우리는 단 1분도, 아니 10초도 전 지구의 전파를 끄고 살 수는 없다. 무선전신과 라디오뿐만 아니라 휴대폰, 리모컨, 레이더, 교통카드, 하이패스도 전파(전자기파)를 이용하기 때문이다. 아마 전파를 볼 수 있는 외계인의 눈에 지구는 온갖 종류의 전파로 둘러싸여 마치 전파 속에 푹 잠긴 것처럼 비칠지도 모른다.

♦

전파를 발명한 사람은 누구일까? 이 질문은 좀 기묘하게 들린다. 전파는 자연에 존재하는 것이지 누가 만든 것이 아니라고 생각하기 때문이다. 그렇지만 전파를 눈으로 볼 수 있는 외계인이 1850년에 지구를 살펴봤다면, 전파를 거의 관찰할 수 없었을 것이다. 당시 사람들은 무선전신도, 라디오도, 리모컨이나 휴대폰도 사용하지 않았기 때문이다. 넓게 보면 빛도 가시광선 영역의 전파라고 할 수 있지만 여기서는 전파를 우리가 통신에서 사용하는 전자기파만 의미한다고 간주하자. 물론 전파는 자연적으로도 만들어진다. 번개가 칠 때는 물론 고양이 털을 빗질하다가 작은 불꽃이 튈 때에도 그 주변에서 전파가 생성된다. 태양에서도 전파가 일부 나온다. 그렇지만 사람들이 이런 자연적인 전파를 알게 된 시점은 한 물리학자가 인공적으로 전파를 만든 이후부터였다. 이 물리학자는 독일인 하인리히 헤르츠Heinrich Hertz였다. 지금 전파의 단위로 사용하는 헤르츠

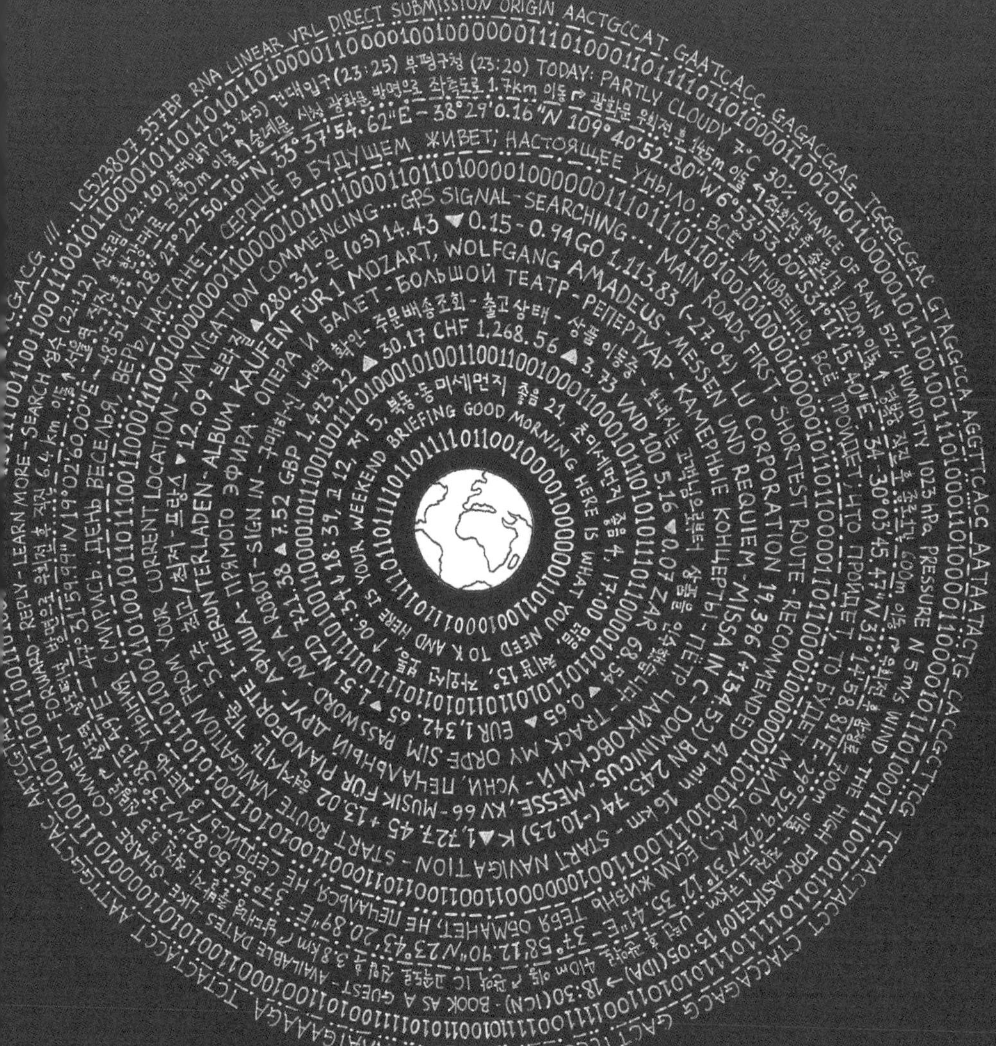

LC523807 357BP RNA LINEAR VRL DIRECT SUBMISSION ORIGIN AACTGCCAT GAATCACC GAGACCGAG TGGGCGAC GTAGGCCA AGGTTCACC AATAATACTG GACGCTTCG

(23:45) 건대입구 (23:25) 부평구청 (23:20) TODAY: PARTLY CLOUDY 7°C 30% CHANCE OF RAIN 52% HUMIDITY 1023hPa PRESSURE N 5m/s WIND

540m 이동 ↑ 숭례문 사거리 광화문 방면으로 좌측도로 1.7km 이동 ↱ 광화문 우체국 145m 이동

27°22'50.10"N 33°37'54.62"E – 38°29'0.16"N 109°40'52.80"W 6°53'53.00"S 31°11'15.40"E – 34°30'03.45.47"N 31°14'58.81"E

ВЕРЬ, НАСТАНЕТ. СЕРДЦЕ В БУДУЩЕМ ЖИВЕТ; НАСТОЯЩЕЕ УНЫЛО: ВСЁ МГНОВЕННО, ВСЁ ПРОЙДЕТ; ЧТО ПРОЙДЕТ, ТО БУДЕТ МИЛО.

NAVIGATION COMMENCING... GPS SIGNAL – SEARCHING... MAIN ROADS FIRST – SHORTEST ROUTE – RECOMMENDED 41 min 16 km – START NAVIGATION

1.2.09 – 브라질 ▲ 280.31 – 은 (03) 14.43 ▼ 0.15 – 0.94 GO 1,113.83 (–27.04) LU CORPORATION 19,396 (+134.52) BN 243.74 (–10.23) K ▲ 1,727.45 +13.02

ALBUM KAUFEN FÜR 1 MOZART, WOLFGANG AMADEUS – MESSEN UND REQUIEM – MISSA IN C – DOMINICUS – MESSE, KV 66 – MUSIK FÜR PIANOFORTE

ОПЕРА И БАЛЕТ – БОЛЬШОЙ ТЕАТР – РЕПЕРТУАР – КАМЕРНЫЕ КОНЦЕРТЫ – ПЁТР ЧАЙКОВСКИЙ – УСНИ, ПЕЧАЛЬНЫЙ ДРУГ

주문배송조회 – 출고 상태 – 상품 이동중

GBP 1,493.22 ▲ 30.17 CHF 1,268.56 ▲ 3.73 VND 100 5.16 ▼ 0.07 ZAR 68.54 ▼ 0.65 ▼ EUR 1,342.65 ▼ 1.51 NZD

18:39, 고 12, 저 5, 북동·동 미세먼지 좋음 21, 초미세먼지 좋음 4, 17:00 맑음, 최고 13°, 최저 1°

YOUR WEEKEND BRIEFING GOOD MORNING HERE IS WHAT YOU NEED TO K AND HERE IS

(Hz)는 이 업적을 기리기 위해서 그의 이름을 딴 것이다.

헤르츠는 자신의 실험실에서 전파를 만들어냈다. 헤르츠의 실험실에서 만들어진 전파는 처음에는 그 모습을 잘 드러내지 않았다. 불완전하고 약했다. 실험실 내에서 간신히 안정화된 전파는 실험실 밖으로 나갔다. 그렇지만 처음에는 몇십 미터 이상 가지 못했다. 열심히 노력해도 최대 800미터 정도 날아갔다. 전파가 3.2킬로미터를 날아갈 수 있다면, 안개 낀 날 해안의 통제소에서 접근하는 배와 메시지를 주고받는 데 쓸 수 있겠다고 과학자들은 생각했다. 그렇지만 아무도 800미터의 벽을 넘지 못했다. 이 때문에 사람들은 전파를 실용적인 목적으로 사용하는 게 어렵다고 생각하기도 했다. 이때 마르코니가 3.2킬로미터의 벽을 깼다. 이후 그는 전파가 날아가는 거리를 기하급수적으로 늘렸고, 메시지를 증폭하는 방법과 보안을 유지하는 방법을 고안해 무선전신의 시대를 열었다.

이제 헤르츠 이전으로 돌아가보자. 당시 물리학자들은 우주 전체에 에테르라는 눈에 보이지 않는 물질이 꽉 차 있다고 생각했다. 빛은 파동이기 때문에 태양에서 나온 빛이 지구를 포함한 태양계 전체에 전달되기 위해서는 매질이 있어야 하는데, 이 매질이 에테르라는 것이다. 빛을 전달하는 에테르가 우주 공간에 존재한다는 생각은 당시에는 상식과도 같았다. 비슷한 이유로 영국의 물리학자 제임스 클러크 맥스웰은 전자기력이 전달되기 위해서 전자기 에테르가 존재해야 한다고 생각했다. 그런데 전자기 현상에 대해서 이론적인 계산을 하다가, 맥스웰은 전자기 에테르가 요동치는 경우가 있고, 이

맥스웰과 그의 방정식

럴 때 이 요동이 빛과 같은 속도로 전달된다는 것을 알게 됐다. 가만히 생각해보면, 빛의 에테르와 전자기 에테르가 같다는 해석도 가능하다. 다른 말로 하자면, 빛 비슷한 전자기 파동이 존재한다는 것이다. 나중에 이런 파동에 '전자기파electromagnetic wave' 혹은 '전파electric wave'라는 이름이 붙었다. 전파의 존재는 헤르츠가 발견하기 20여 년 전에 영국의 물리학자 맥스웰이 이론적으로 예측한 것이었다.

맥스웰은 이론물리학자일 뿐만 아니라 19세기 후반에 케임브리지 대학교에 설립된 캐번디시 물리학 연구소의 첫 소장을 맡았던 훌륭한 실험물리학자이기도 했다. 그런 맥스웰이 자신이 예측한 전파를 발견하려는 시도를 하지 않았다는 점은 이해하기 어렵다. 캐번디시 연구소의 소장으로 재직할 때 능력 있는 연구원들도 있었는데 맥스웰은 그중 누구에게도 전파를 찾는 실험을 해보라고 권하지 않았고, 이들 중 누구도 자발적으로 이 문제에 도전하겠다고 나서지 않았다. 맥스웰이 세상을 떠난 뒤에 스스로를 '맥스웰주의자Maxwellian'라고 부르면서 맥스웰의 전자기학 이론을 추종하던 젊은 영국 물리학자 몇이 맥스웰의 전파 이론을 확산했지만, 이들마저도 전파를 만들어보려는 노력은 하지 않았다. 이는 과학사의 작은 수수께끼 중 하나인데, 이들의 실험 노트를 보면 이들이 도선에 흐르는 전류를 전파 비슷한 것으로 생각했던 것 같기도 하다. 전자기 현상이 발견되는 모든 곳에서 전파가 발생하니, 이를 굳이 만들어낼 필요가 없다고 생각했는지도 모른다.

전파를 만들어냈던 헤르츠는 당시 독일 최고의 물리학자로 전 유럽에 명성이 자자했던 헬름홀츠Herman von Helmholtz의 수제자였다. 헬름홀츠는 맥스웰과는 다른 전자기 이론을 제창했던 과학자로, 전기 퍼텐셜electric potential이라는 개념에 주목했고, 이것이 공간적으로 전파되는 실체라고 생각했다. 헤르츠는 헬름홀츠의 지도하에 박사학위를 받고 카를스루에 대학교 교수가 되어 학생들을 가르치는 중에 근처 한 고등학교 창고에서 흥미로운 라이스 코일Reiss coil을 하나 발견했다. 그것은 얇은 원통 모양으로 생긴 코일 두 개가 약간 간격을 두고 떨어져 있던 것이었다. 이 두 코일에 각각 두 개씩 금속 손잡이가 달려 있는데, 위의 코일에 전압을 걸어서 두 손잡이 사이에 작은 전기 스파크를 만들면, 아래 코일의 손잡이에도 스파크가 생겼다. 헤르츠는 학생들의 교육을 위해 만든 이 간단한 기구에 흥미를 느꼈다. 대체 왜 하나의 코일에서 만들어진 스파크가 다른 코일에 스파크를 유도하는 것일까?

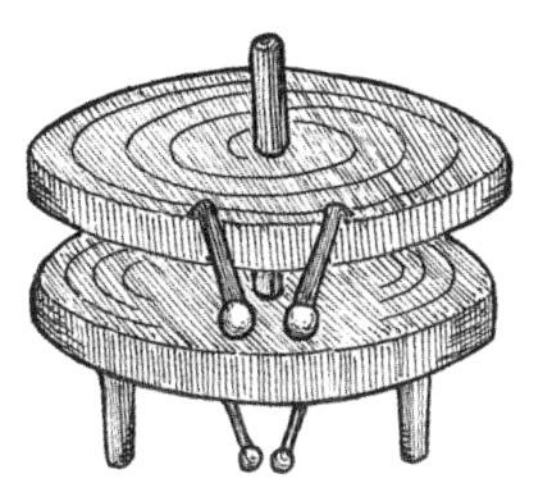
라이스 코일

헤르츠는 이 현상을 연구해보기로 작정했다. 헤르츠의 연구를 여기서 자세히 묘사할 필요는 없겠지만, 그가 맥스웰의 전파를 만들어

보거나 맥스웰의 이론을 테스트해보려고 연구를 시작했던 것이 아니라는 점은 알아둘 필요가 있다. 그는 연구를 하다가 어느 단계에서 자신의 스승 헬름홀츠의 이론을 증명했다고 생각했다. 그런데 또 어느 단계에서는 이 현상이 헬름홀츠와 맥스웰의 이론 중 어느 것으로도 설명이 안 되는 것 같았다. 그는 1차 회로에서 만들어진 스파크가 멀리 떨어져 있는 2차 회로에 희미한 스파크를 유도하는 실험을 계속하다가, 1차 회로로부터 무엇인가가 나와서 공간을 가로질러 2차 회로로 전파된다고 생각한 것이다. 이것이 헬름홀츠가 말한 퍼텐셜의 정체라고 판단한 헤르츠는 존경하는 스승의 이론을 입증했다고 생각하고 1887년과 1888년에 이 현상에 대한 논문을 출판했다.[1]

헤르츠의 논문을 읽은 영국의 맥스웰주의자들은 헤르츠가 맥스웰이 예견한 전파를 발견했음을 단박에 알아차렸다. 그중 한 명은 헤르츠의 발견이 19세기 과학을 통틀어 가장 중요한 발견이었다고 높게 평가했다. 이들은 왜 이렇게 간단한 실험을 자신들이 먼저 수행하지 못했는가 한탄하며 이 전파를 응용하는 연구에 곧바로 뛰어들었다. 이들은 전파가 직진하고, 반사되고 굴절되며, 편광되는 성질이 있음을 밝혔다. 전파와 빛은 아주 흡사했다. 이런 발견의 중요성을 인식한 사람들은 헤르츠에게 전파를 이용해서 전신 메시지를 보낼 수 있는지 물어봤다. 당시 헤르츠는 전파가 너무 약해서 통신에 응용하는 것은 불가능할 것 같다고 답했다. 헤르츠가 파악한 전파의 송신 거리는 50미터 정도였다. 전파는 실험실 내에서만 검출할 수 있었지 실험실 밖으로 나가면 금방 약해져서 흔적도 찾을 수 없는 존재였다.

헤르츠의 발견 이후에 사람들은 전파를 조금 더 멀리 보내기 위해 노력했다. 전파를 멀리 보내려면 송신기를 더 강력하게 만들든지 수신기를 더 민감하게 해야 했다. 유럽의 여러 유명한 물리학자들이 이에 도전했으나 번번이 실패를 맛봤다. 헤르츠가 사망한 1894년까지도 최대 송신 거리가 500미터를 넘지 못했다. 전파를 응용하는 것은 불가능하다는 확신이 짙어질 무렵, 마르코니가 무려 3.2킬로미터를 송신하면서 혜성같이 나타났다. 그는 사업을 시작한 지 3년이 안 되어 송수신 거리를 200킬로미터로 늘렸다. 그리고 1901년에는 영국에서 송신한 메시지를 캐나다에서 받는 데 성공했다. 무려 3,500킬로미터를 전송한 것이다. 무선전신의 시대는 이렇게 열렸다. 이 무선전신은 라디오로, 텔레비전으로 발전하면서 우리의 삶을 완전히 바꾸어버렸다.[2]

♦

전파는 맥스웰이 예측했고, 헤르츠가 실험실에서 찾아냈다. 그리고 곧 실험실 밖으로 나와서 통신에 이용되기 시작했다. 19세기 가장 위대한 과학자 중 한 명으로 꼽히는 헤르츠가 카를스루에 대학교의 물리학 실험실에서 찾아낸 것은 자연의 샘플을 가지고 연구한 결과가 아니었다. 그는 전류원으로 화학 배터리를 직렬연결해서 사용했고, 배터리에서 만들어진 전류를 전류 단속기interrupter를 거치게 해서 단속전류로 만든 뒤에, 유도 코일을 사용해서 이를 고전압 전류로 바꾸었다. 이 고전압 전류가 가진 에너지를 금속판에 계속 모아서 스파크를 통해 공기 중으로 방출했다. 이 인공적인 전자기 에너지가 빛의 속도로 전달되는 전파의 형태로 헤르츠의 실험실을 가득 채운 것이다.

전파는 자연일까? 아니면 인공일까? 전파는 발견된 것일까? 아니면 발명된 것일까? 전파는 과학일까? 아니면 기술일까? 전파는 이 중 어느 하나가 아니었다. 그것은 자연이자 인공이었고, 발견된 동시에 발명되었으며, 과학이자 기술이었다. 헤르츠의 실험실은 자연/인공, 발견/발명, 과학/기술의 경계를 무의미하게 만든 공간이었다. 헤르츠의 실험실은 전파라는 새로운 현상, 혹은 효과가 창조된 공간이었다.

물리학자나 화학자의 실험실에서는 새로운 현상, 새로운 효과, 새로운 물질이 만들어진다. 트랜지스터에 사용되는 반도체는 물리학자들이 벨 연구소의 실험실에서 만든 물질이다. 이를 발명한 사람은 윌리엄 쇼클리William Shockley, 존 바딘John Bardeen, 월터 브래튼Walter Brattain이다. 쇼클리는 MIT의 간판 물리학자였던 존 슬레이터John C. Slater의 지도로 박사학위를 받은 물리학자였고, 브래튼은 미네소타 대학교에서 존 밴블렉John van Vleck의 지도하에 양자역학을 공부하고 고체물리로 박사학위를 받았다. 바딘은 학부와 석사에서는 전기공학을 전공했지만, 박사 때는 프린스턴 대학교에서 수학과 물리

를 전공했다. 그는 당시 미국 최고의 물리학자로 꼽히던 유진 위그너Eugene Wigner 밑에서 고체물리 이론으로 박사학위를 받았다. 이들은 벨 연구소에서 진공관을 대체할 수 있는 작고 전력 소모가 적은 새로운 물질을 개발하는 연구를 했고, 결국 반도체를 사용해서 점접촉 트랜지스터point-contact transistor를 만들었다. 곧 이보다 더 실용적인 쌍극접합형 트랜지스터bipolar junction transistor가 만들어졌다.[3]

트랜지스터는 나중에 여러 개가 하나의 회로에 집적되는 집적회로integrated circuit, IC로 진화하는데, 이 집적회로 개발에 핵심적인 역할을 한 사람인 장 회르니Jean Hoerni는 제네바 대학교와 케임브리지 대학교에서 각각 물리학 박사학위를 받은 물리학자였다. 처음으로 집적회로를 상용화한 기업 페어차일드의 창업자였다가 나중에 인텔의 창업자가 된 로버트 노이스Robert Noyce도 MIT에서 물리학을 공부한 사람이다. 페어차일드의 실험실은 물리학 실험실인지, 전자공학 실험실인지, 아니면 심지어 전자 부품을 생산하는 공장인지 구별하기 어려웠다. 물론 이 과정에 물리학자만 있었던 것은 아

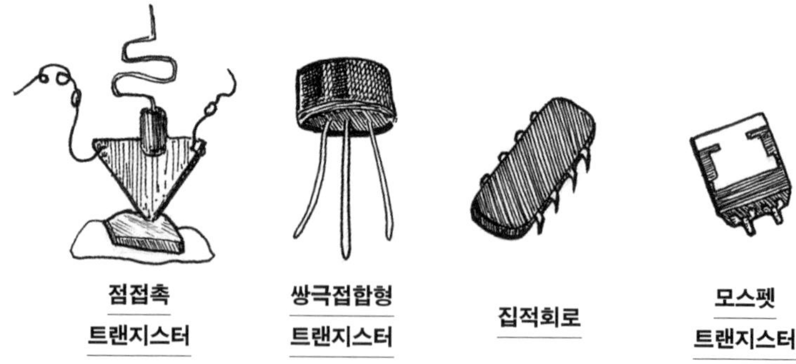

점접촉 트랜지스터 / 쌍극접합형 트랜지스터 / 집적회로 / 모스펫 트랜지스터

니다. 트랜지스터와 집적회로를 만드는 과정에 화학자나 엔지니어도 크게 기여했다. 집적회로의 핵심 아이디어를 냈던 모하메드 아탈라Mohamed Atalla는 기계공학을 전공했고, 텍사스 인스트루먼트에서 노이스보다 조금 일찍 집적회로를 만든 잭 킬비Jack Kilby는 전기전자공학 전공자였다. 반면에 아탈라와 함께 모스펫MOSFET 트랜지스터를 만든 한국인 강대원 박사는 물리학자였다.[4]

이들의 연구에는 과학과 공학, 연구와 응용, 발견과 발명 사이의 엄밀한 구분이 아무런 의미가 없었다. 양자물리학 같은 심원한 과학이 새로운 물질을 이해하고 만드는 데 도움을 주고, 이 새로운 물질이 보여주는 신기한 현상을 설명하기 위해 고체물리학이 발전하고, 이런 과학의 진보가 새로운 응용을 만들어내고, 이런 응용이 다시 미해결 문제를 생성해낸 것이다. 이것이 테크노사이언스가 작동하는 방식이다. 테크노사이언스는 잘 확립된 학문의 경계 속에 안주하지 않고 경계를 가로지른다. 심지어 설명을 충분히 못 해도 새로운 현상을 만들고, 이를 실험실 밖으로 가지고 나와서 응용의 니치niche를 찾는다. 이 응용은 새로운 기술과 산업을 낳기도 한다. 이 과정에서 예상치 못했던 난제가 튀어나오면 이를 해결하기 위해 또 새로운 연구 영역이 생겨난다.

◆

어떤 이들은 무선전신이 과학인지 기술인지, 반도체가 과학인지

기술인지를 놓고 논쟁을 하곤 한다. 2000년에 잭 킬비가 집적회로를 만든 공로로 노벨 물리학상을 받았을 때, 미국 내에서도 킬비는 엔지니어지 물리학자가 아니며, 그의 업적은 공학적 업적이지 과학적 깊이가 있는 업적이 아니라고 비판한 사람들이 있었다. 그런데 집적회로가 없었다면 휴대폰을 비롯한 전자제품이 지금과는 전혀 다른 모습을 하고 있을 것이며, 지금의 물리학 실험실 중에 제대로 굴러가는 실험실은 하나도 없을 것이다.

1908년 마르코니가 노벨 물리학상을 받을 때도 비슷한 논쟁이 있었다. 마르코니는 엔지니어이자 발명가지 과학자가 아니라는 비판이었다. 20세기 나노 분야에서 중요한 실험을 가능하게 했던 분자빔에피택시molecular beam epitaxy, MBE의 발명을 보고한 논문이나, 1981년에 스캐닝터널링 현미경scanning tunneling microscope의 발명을 담은 논문은 물리학 학술지에서 게재를 거부했다. 이런 논문은 기술에 대한 논문이지 물리학 논문이 아니라는 이유에서였다. 그런데 이렇게 발명된 기기를 사용해 연구한 물리학자들이 노벨 물리학상을 여러 차례 수상했으니 아이러니가 아닐 수 없다.

외국의 과학계도 순수/응용, 과학/기술, 연구/개발에 대한 구분이 있고, 외국의 연구자들도 자신의 좁은 분야에서 발생하는 문제를 푸는 데에 안주하려는 경향이 있다. 잭 킬비와 마르코니에 대한 비판, 분자빔에피택시와 스캐닝터널링 현미경을 무시한 것도 모두 선진국의 물리학계였다.

그렇지만 테크노사이언스의 발전은 학문적 경계를 넘나드는 사람들이 만들어낸다. 무선전신과 라디오, 레이저, 트랜지스터, 집적회로, 나노소재 등 20세기 물리과학 최고의 성과들은 물리학과 공학의 경계, 아는 것과 미지의 것의 경계를 가로질렀던 사람들의 노력 덕분이다. 과학이 더 뛰어나다, 기술이 더 중요하다고 하면서 호사가들이 아웅다웅할 때, 테크노사이언스는 이 두 영역을 휙휙 가로지르며 뚜벅뚜벅 나아간다. 테크노사이언스 실험실은 기존의 패러다임을 공고히 하는 실험이 아니라, 새로운 현상과 세상에 존재하지 않던 물질이 만들어지는 공간인 것이다.

5부

다양한 실험실

from
Alchemy
*The
Evolution of the
Laboratory*
to
Living Lab

13장

물리학 실험실과 생물학 실험실의 탄생

전자기파를 발견해서 유명해진 헤르츠는 1889년에 카를스루에 대학교에서 조금 더 좋은 본 대학교로 옮겨갔다. 그는 첫 직장인 킬 대학교에서 실험실을 제공해주지 않아서 이론물리학 연구에 심취했고, 카를스루에 대학교에 있을 때도 독립된 실험실이 없어서 강의실 일부를 실험실로 사용했다. 본 대학교도 사정은 비슷했다. 헤르츠는 본 대학교의 화학과 교수들이 매우 '사치스러운 실험실'을 가지고 있는 데 비해 물리학 실험실은 제대로 된 게 없다고 한탄했다. 본 대학교의 화학과 건물에는 잘 갖춰지고 용도별로 구분된 실험실이 여러 곳 있었다. 심지어 편의를 위해서 교수들의 아파트도 같은 건물 내에 마련해주었을 정도였다.

화학 실험실은 19세기 초엽에 독일 기센 대학교의 화학자인 유스투스 리비히의 실험실이 크게 성공한 뒤에 대학에 정착했다. 리비히는 실험실을 이용해서 차세대 화학자들을 훌륭하게 양성했을 뿐만 아니라, 리비히 학파라고 불린 유기화학 분야의 학파까지 형성했다. 리비히의 학생 중에는 인공 염료를 합성한 화학자도 있었는데, 19세기 중엽 이후 인공 염료가 점점 상업화되면서 리비히의 실험실과 비슷한 화학 실험실이 대학과 기업에 계속해서 세워졌다. 화학자들은 이 실험실에서 제자를 훈련하고, 새로운 연구를 해서 논문을 내거나 특허를 신청했다.

그런데 화학 외의 다른 과학 분야에 실험실이 확산되는 과정은 순탄하지만은 않았다. 18세기 후반에는 전기 실험이 유행했는데, 이런 실험은 대학의 실험실이 아니라 주로 살롱이나 귀족의 저택 같은 곳에서 진행됐다. 전형적인 시연demonstration 실험이었다. 반면에 연구를 위한 실험은 물리학자의 집이나 학회가 소유한 실험실에서 했다. 물리학 강의가 있는 대학에서는 교수들이 강의하면서 강의실에 설치된 실험대에서 간단한 실험을 해 보이곤 했다. 이 또한 강의를 보조하는 실험이었다. 이런 강의실에는 여기저기 캐비닛이 있었고, 그 속에 실험에 필요한 기구들을 보관했다. 19세기 초엽까지 유럽의 대학을 운영하던 상급자들은 화학과 달리 물리학에서는 연구를 위한 독립된 실험실이 불필요하다고 생각했다.

이런 상황에 변화를 가져온 것이 전신의 발명이었다. 전신은 1830년대에 새뮤얼 모스Samuel Morse와 다른 발명가들이 발명했고, 1840년대에 급속하게 네트워크를 확장했다. 1850~1860년대에는 해저 전신이 개발되어 제국과 식민지를 연결하기 시작했다. 당연히

전신 기사들이 많이 필요하게 되었고, 이들은 기초 물리학, 전자기학, 화학, 수학 등을 교육받아야 했다. 글래스고 대학교의 물리학 교수였던 윌리엄 톰슨William Thomson(후일 켈빈 경이 된다)은 자신의 숙소에 있는 다락방에 간이 실험실을 만들어서 학생들에게 전기 실험을 가르쳤는데, 전신 기사가 많이 필요해지면서 대학에 전신 기사들을 길러낼 실험실을 만들어달라고 요청했다. 이에 공감한 대학 본부는 톰슨에게 전기 실험실을 만들어줬고, 톰슨은 이 실험실에서 연구하면서 학생들에게 전신에 필요한 기초 전자기 실험을 가르쳤다.

1860년대가 되면 여러 대학에 물리학 실험실이 생겨나 학생들의 교육과 교수의 연구를 위한 실험이 활발해진다. 이 실험실들은 화학 실험실을 모방해서 꾸려졌다. 물리학 실험실은 보통 강의실 바로 옆이나 밑에 있었고, 여기서 진행되는 실험은 대부분 강의와 연계된 것들이었다. 대략 한 실험실에 60명 내외의 학생이 들어갔고, 커다란 실험 테이블에는 여러 기기가 고정되어 있었다. 학생들은 측정을 통해 정량적인 데이터나 그래프 같은 시각 데이터를 얻어내는 실험을 했는데, 물리학 교수들은 이런 실험의 목적이 과학자를 키우기 위한 것뿐만 아니라 학생들의 심성을 단련하는 데에도 있다고 강조했다. 즉 실험은 학생들의 자아를 성숙하게 만드는 방법이며, 체육을 통해 신체를 단련하듯이 학생들은 실험을 통해 정신을 단련할 수 있다는 것이다.

전신이 발전하자 정밀한 측정이 더욱 중요해졌다. 전신선은 수십에서 수천 킬로미터에 달했는데, 중간에 어느 부분이 끊어지거나 손상되면 전신 기사가 이를 찾아내서 빨리 고쳐야 했다. 특히 땅에 묻힌 전신선에 문제가 생기면 어느 곳이 손상되었는지 찾아내기가 쉽지 않았다. 이때 약간의 수학과 표준저항이 필요했다. 따라서 표준저항을 측정해서 만들고, 이를 유지하고 보관하는 일이 국가적인 차원에서 중요해졌다. 표준저항을 만드는 데 요구되는 정밀한 측정을 위해서는 강의를 위한 실험실이 아니라 외부의 교란 없이 정밀 작업이 가능한 실험실이 필요했다.

이런 분위기에서 세워진 것이 앞서 말한 케임브리지 대학교의 캐번디시 연구소이다. 이 연구소는 헨리 캐번디시의 후손인 데번셔 공작이 거액을 기증해서 1874년에 완공됐다.[1] 기금 덕분에 캐번디시 연구소는 비싸고 정밀한 기기들을 넉넉하게 갖출 수 있었다. 초대 소장 맥스웰은 실험을 교육용 시연 실험과 연구 실험으로 나누고, 연구 실험의 요체는 정밀한 측정에 있다고 강조했던 사람이다. 그는 1860년대에 영국의 표준저항을 정립하는 실험을 직접 수행할 정도로 표준저항을 정교하게 측정하고 유지하는 일을 중요하게 여겼고, 이런 실험을 캐번디시 연구소에서 진행해야 한다고 생각했다. 그 외에도 연구소는 전자기, 광학, 역학, 열 현상에 대한 실험도 수행했다. 이런 실험 대부분은 대학을 졸업하고 연구원으로 있던 숙련된 연구자들이 맡았다.

그런데 한 가지 문제가 있었다. 캐번디시 연구소는 학부생들에게도 열린 공간이었다. 학생들은 강의를 듣고 강의에 수반된 실험을 하기 위해서 연구소를 들락날락했다. 3층으로 된 연구소에는 정밀 측정 실험을 할 수 있는 실험실 여러 개, 강의실, 학생들의 교육을 위한 실험실 등이 있었는데, 학부생들이 소란을 피우면 정밀한 실험을 수행하기가 쉽지 않았다. 그렇지만 대학에 설립되는 연구소에 학부생 출입을 금지할 수도 없는 노릇이었다. 맥스웰은 연구소 설계에 직접 참여했는데, 이때부터 이 문제를 고민했던 것으로 보인다. 그가 찾은 해법은 연구 공간과 교육 공간을 나누는 것이었다. 1층과 3층에 연구 실험을 위한 실험실을 배치하고, 2층에는 학부생을 위한 강의실과 실험실을 지었다. 특히 정밀 실험실들이 여럿 있는 1층은 복도를 없애고 방과 방을 직접 연결하는 식으로 배치했다. 학생들이 1층 실험실로 접근하려면 다른 실험실들을 지나가야 하므로, 특별한 일이 있지 않은 이상 1층이 아니라 바로 2층으로 가도록 유도한 것이다.[2]

대학 실험실은 학부 학생들을 교육하기 위해서도 필요했고 연구를 위해서도 필요했다. 물리학 실험실은 교육을 목적으로 대학에 설립되기 시작했지만, 19세기 후반이 되면 연구용 실험실과 교육용 실험실이 서서히 분리된다. 이 두 실험실에는 어떤 차이가 있을까? 19세기 말 영국 물리학자 올리버 로지Oliver Lodge는 학부생들의 실험실에는 실험대에 실험 기기가 고정되어 있어야 한다고 강조했다. 학부생들은 기기를 보관하는 방에 들락거리면서 기기를 가져올 수 없고 고정된 기기로 교과서에 나오는 법칙을 정밀하게 테스트하는 실험만 할 뿐이다. 반면에 대학을 졸업한 연구자들의 경우에는 자기 마음대로 기기를 가져다가 이를 창의적으로 조합해서 실험할 수 있

다고 생각했다. 이들은 기기를 자유자재로 다룰 만한 전문성과 규율이 몸에 배어 있었기 때문이다. 이렇게 물리학 분야에서는 교육 목적의 실험실과 연구 목적의 실험실이 점차 분화되어갔다. 21세기인 지금도 학부생들을 위한 물리 실험실에는 기기가 미리 세팅된 경우가 많다. 학생들이 비싼 기기를 들고 다니다가 이를 파손하는 것을 막기 위해서다.

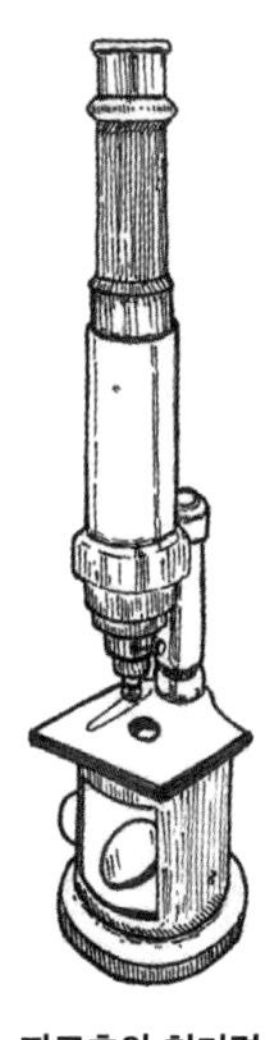

피르호의 현미경

의학 분야에는 예전부터 해부실이 있었다. 이곳에서 인체와 동물을 해부했다. 해부는 학생들이 보는 앞에서 진행되곤 했다. 병을 연구하는 병리학은 사체만을 해부해서 조직의 변화와 병의 연관성을 살피다가 19세기에 점차 과학화됐다. 특히 현미경을 사용해서 병에 걸린 인체 조직을 살펴보고 이를 통해 병의 특성을 이해하는 연구가 급격히 발전했다. 이런 연구에도 표본과 현미경으로 여러 실험을 해볼 수 있는 실험실이 필요했다. 독일 병리학자 루돌프 피르호Rudolf Virchow의 실험실이 바로 그런 곳이었는데, 피르호의 실험실을 방문했던 사람들은 그곳에 수많은 현미경이 있고, 피르호가 정성 들여 만든 조직 표본들이 잘 정렬되어 있다고 기록하고 있다.

유럽의 오래된 대학들 가운데 일부에는 박물관이 있었으며, 그런 대학교의 생물학 강의는 주로 박물관에서 진행되었다. 교수는 박물관에 있는 표본이나 지도를 몇 개 가지고 와서 학생들에게 보여주면서 강의를 했고, 이런 전통은 18세기부터 19세기 중엽까지 이어졌다. 옥스퍼드 대학교에는 박물관 주변에 병리학, 의학, 생리학, 화학, 해부학, 동물학, 지질학과 암석학을 연구하는 강의실과 준비실들이 있었다. 그런데 이런 전문분야는 19세기 후반에 급격하게 팽창해, 경쟁적으로 새 건물을 짓고 넓은 공간을 차지했다. 이때 새롭게 마련된 공간의 상당 부분이 실험실이었다. 넓었던 박물관 공간을 해부학, 생물학, 지질학, 암석학, 인류학 등이 나눠서 사용하게 된 것이다. 옥스퍼드의 사례를 보면 "박물관의 잿더미 속에서 실험실이 불사조처럼 솟았다"는 표현이 어울린다.[3]

인간이나 동물의 육체가 어떻게 작동하는지를 연구하는 생리학은 실험동물을 사용할 공간이 필요했다. 실험동물에 대한 장에서 보았듯이 마장디나 베르나르 같은 생리학자도 동물실험을 위한 작은 공간을 따로 두고 있었다. 특히 생리학 실험이 의학을 과학으로 만들어주는 비결이라고 믿었던 베르나르는 이렇게 말하기도 했다. "나는 병원이 과학적 의학의 입구라고 생각한다. 병원은 의사가 들어가서 처음 관찰을 하는 영역이기 때문이다. 그렇지만 의학의 진정한 신전은 실험실이다. 오직 그곳에서만 의사는 실험과 분석을 통해 정상적이거나 병적인 상태의 생명에 관해 설명할 수 있기 때문이다."[4]

그럼에도 베르나르가 속했던 콜레주 드 프랑스Collège de France는 그에게 넓은 실험실을 제공해주지 않았다. 생리학 연구에 굳이 실험실을 갖출 필요는 없다고 생각했기 때문이다. 베르나르는 잘 갖춰

MCMIX

진 독일 실험실의 사례를 들면서 프랑스에도 비슷한 실험실이 필요하다고 여러 정부 기관을 설득했다. 오랜 노력 끝에 자연사박물관에 딸린 작은 부속 건물을 실험실로 제공받았는데, 이때는 생리학자로서 베르나르의 연구가 거의 끝나가던 때였다.

영국은 사정이 조금 나았다. 케임브리지 대학교의 생리학자 마이클 포스터Michael Foster는 교육과 생리학 실습을 병행할 실험실을 대학에 요구했다.[5] 그는 1873년에 '기초 생물학에 대한 실제적인 수업'을 개설했다. 이 수업은 이스트, 아메바, 히드라, 다양한 식물들, 개구리, 토끼의 기본적인 해부, 생명체의 조직, 생리학 등을 가르쳤고, 이를 위해 실험실에서 실험 교육을 했다. 포스터는 이런 수업 방식을 통해 학생들에게 일찍부터 연구를 경험시키고, 연구에 대한 사명감과 자신감을 불어넣었다. 그는 학술지를 창간해서 학생들의 연구를 출판하는 기회를 줌으로써 그들이 졸업 후 대학에 직장을 잡는 데 유리한 조건을 만들어주었다. 포스터는 학부 학생들을 대상으로 실험을 통해 생물학을 가르친 최초의 과학자로 평가된다.

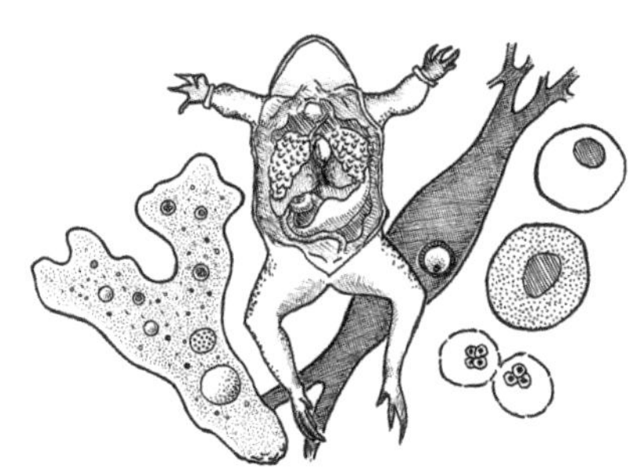

생물 실험의 첫 단계, 개구리 해부

포스터식 생물학 교육에 장점만 있었던 것은 아니다. 실험은 자연에 존재하는 동식물 전체가 아니라 몇몇 선택된 샘플에 대해서만 이루어졌기 때문에, 박물관 관찰이나 필드 조사를 통해 이를 보완해야만 했다. 그럼에도 실험을 통해 생물학을 가르치는 전통은 서서히 여러 대학으로 확산해갔다.

엄밀히 말해 이런 전통을 만든 것은 포스터가 아니라 그의 스승이다. 포스터는 토머스 헉슬리Thomas Huxley의 제자였다. 다윈의《종의 기원》이 출판된 지 7개월이 지난 1860년 6월, 옥스퍼드 대학교의 박물관에서 열린 모임에서 성공회 주교 윌버포스Samuel Wilberforce는 "당신 조상이 원숭이라면 당신 할머니 쪽인가, 할아버지 쪽인가?"라고 진화론을 조롱했다. 이에 대해서 헉슬리는 "진실을 대하기를 두려워하는 사람이 되기보다 차라리 두 원숭이의 자손이 되는 편이 낫다"라고 답했다고 한다. 이렇게 진화론을 옹호한 뒤에 헉슬리는 '다윈의 불독'이라는 별명을 얻었다. 이 논쟁으로 유명해진 헉슬리는 1872년 영국 왕립 과학 칼리지Royal College of Science(임페리얼 칼리지 런던의 전신)의 교수가 됐다. 그리고 이 학교에서 학생들의 실험을 위한 공간과 예산을 충분히 확보해 생물학을 실험 위주로 가르쳤다. 오전 일찍 헉슬리가 강의하고 나면 학생들은 11시에서 1시 사이에 실험을 했다. 그리고 점심을 먹은 뒤 다시 2시부터 4시까지 실험을 이어갔다. 당시 영국에서 가장 바빴던 과학자 헉슬리는 강의를 한 뒤에 외부 일을 보러 나갔고, 학생들의 실험은 헉슬리가 아니라 조교가 감독했다.[6]

이 실험실에서 훈련을 받은 많은 학생이 영국의 다음 세대 생물학을 이끈 학자가 되었다. 마이클 포스터를 비롯해, 런던 대학교와 옥스퍼드 대학교를 거쳐서 영국 자연사박물관의 소장이 된 랭케스터E. Ray Lankester, 케임브리지 대학교의 식물학과 교수가 된 바인스S. H. Vines, 왕립 큐가든Kew Garden의 소장이 된 티슬턴다이어W. T. Thiselton-Dyer, 에든버러 대학교의 생리학 교수가 된 러더포드William Rutherford 등이 포함되어 있었다. 흥미로운 사실은 《타임머신》, 《우주전쟁》의 작가로 유명한 웰스Herbert George Wells도 헉슬리 실험실에서 생물학을 배운 학생이라는 사실이다. 웰스의 일기에는 당시 받은 교육에 대한 언급이 있다. 조교의 감독을 받으며 실험을 하다 보면 "규율의 감각이 내 영혼에 들어온다"라는 의미심장한 이야기다.

◆

실험실은 이런 여러 경로를 통해 물리학과 생물학 분야로 확산했다. 다른 분야에도 우여곡절을 겪으며 실험실이 정착된다. 심리학 분야에서는 생리학 실험의 전통이 조금 변형되어 도입되었다. 독일의 심리학자 빌헬름 분트Wilhelm Wundt가 생리학의 방법을 심리학에 도입해 실험심리학이라는 새 분야를 개척했다. 그의 실험실을 보면 생리학 실험에서 사용하던 기기들을 조금씩 변형해 사용했음을 알 수 있다.

공학 분야의 실험실 도입 과정은 다소 힘이 들었다. 공학에서는 '작업장workshop' 훈련에 근거한 도제 제도가 오랫동안 확고하게 자리잡고 있었기 때문이다. 19세기 말 대학에 새롭게 도입된 공학 실험실은 도제 제도에 도전하는 듯했기 때문에, 실험실에서 훈련받고 현장에 배치된 엔지니어들은 도제 제도를 통해 훈련받은 엔지니어들과 갈등하는 경우가 잦았다. 그렇지만 결국 공학 분야에서도 실험실 교육이 작업장의 도제 교육을 서서히 대체하게 되었다.[7]

실험실은 현대의 대학을 만드는 견인차로 대학에 도입되고 확산되었다. 19세기 초반 유럽 대학에서는 실험실을 찾아보기 힘들었다. 당시 대학은 신학, 의학, 법학 등을 가르치는 중세 대학의 큰 틀을 벗어나지 못했다. 대학의 핵심 교양은 철학이었으며, 대학을 상징하는 공간은 도서관과 강당(강의실)이었다. 그렇지만 19세기 말에 서서히 과학이 대학 교육의 중심으로 진입하면서, 대학을 상징하는 공간에 실험실과 연구소가 추가된다.

1892년에 헉슬리는 "대학이 새로운 지식 공장이다"라면서 "교수들은 진보라는 물결의 최전방에 있어야 한다. 연구와 비판은 교수들이 꼭 필요로 하면서 즐기는 것이 되어야 한다. 과학 연구자에게는 실험실 작업이 중심이어야 하며, 책은 이를 도와야 한다"라고 웅변했다. 화학, 물리학, 생물학, 지질학, 토목공학, 기계공학, 전기공학의 실험실은 대학을 수도원에서 공장으로 바꾸었다. 대학은 비유적인 의미에서가 아니라, 실제로 웅웅 소리를 내는 기계가 바삐 돌아가고 화학약품의 매캐한 냄새가 진동하는, 진짜 공장 비슷한 공간이 된 것이다.

14장

멋진 실험실 대 창의적인 실험실

스페인 빌바오에 있는 구겐하임 미술관은 20세기 건축사에서 중요한 이정표 중 하나로 꼽힌다. 건축 분야의 노벨상이라 불리는 프리츠커상을 받은 프랭크 게리Frank Gehry가 설계한 이 미술관은 빌바오를 쇠락해가는 작은 소도시에서 스페인 문화와 관광의 중심지로 새롭게 태어나게 했다.

1998년 미국의 MIT는 게리에게 '레이 앤드 마리아 스테이타 센터Ray and Maria Stata Center'라는 건물의 설계를 의뢰했다. 허물어져가던 오래된 건물을 헐고 지

레이 앤드 마리아 스테이타 센터

을, 강의실과 실험실이 들어갈 새 건물이었다. 게리는 특유의 곡선을 살린 포스트모던 디자인을 적용해서 2007년에 건물을 완공했고, 이는 곧 MIT의 명물이 됐다.[1] 멋진 건물이 들어서면 대학교의 랜드마크가 될 수 있고, 언론의 주목을 받으면서 대학을 홍보하는 효과도 생긴다. 이런 건물은 우수한 학생과 교원을 끌어오는 데도 도움이 된다. 그런데 멋진 건물이 교수와 연구원에게 영감을 주어 창의적인 연구 결과를 낳는 데에도 도움이 될까?

♦

멋진 연구소나 실험실은 기업에서 짓기 시작했는데, 이를 이해하기 위해서는 기업 연구소의 역사를 거슬러 올라가봐야 한다. 초기의 기업 실험실 건물은 멋진 건축물과는 거리가 멀었다. 기업 연구소가 확대된 것은 20세기 초에 제너럴일렉트릭GE이 자체 연구소의 성과를 상업화해서 큰 성공을 거둔 뒤부터다. GE의 연구소는 창고 비슷한 건물에서 시작해서 독립 빌딩으로 진화했다. 이후 미국의 전화 사업을 독점하던 AT&T는 1925년에 뉴저지 머리 힐Murray Hill에 벨 연구소Bell Laboratories를 설립했다. 벨 연구소는 전화 통신과 관련된 여러 난제를 해결했으며, 1948년에는 트랜지스터를 개발했다. 화학회사 듀폰은 1938년에 자체 실험실에서 최초의 합성섬유인 나일론을 개발함으로써 엄청난 수익을 냈다. 무엇보다 2차 세계대전 중 전쟁 연구에 동원된 과학자들이 레이더와 원자폭탄을 만들어 연합군의 승리에 결정적으로 이바지하면서, 사람들은 과학의 힘이 무궁무진하다고 생각하게 되었다.

전쟁이 끝난 뒤에 미국의 대기업들은 자신들이 가지고 있던 연구소를 확장하고 발전시켰다. 이 작업은 대부분 에로 사리넨Eero Saarinen이라는 건축가가 맡았다. 사리넨은 핀란드에서 태어나서 파리의 그랑 쇼미에르 아카데미와 예일 대학교에서 건축을 공부했다. 그는 '게이트웨이 아치'로 세인트루이스의 기념비 공모전에서 1등을 해서 두각을 나타냈고, 이후 워싱턴 D.C.의 공항과 뉴욕의 JFK 공항 제5터미널 등을 설계했다. 사리넨은 1940년대에서 1960년대까지 제너럴모터스의 테크 센터, IBM의 왓슨 센터, 벨 연구소의 홈델 센터 같은 첨단 연구소 설계를 맡았다.[2]

전후에 새롭게 건설된 이러한 기업 연구소의 특징은 대학의 캠퍼스를 닮았다는 점이다. 연구소는 넓은 대지에, 넓은 정원을 끼고 설계되었고, 무엇보다 공장에서 멀리 떨어져 있었다. 따라서 잘 모르는 사람들은 여기가 기업의 연구소인지 대학의 캠퍼스인지 구별하기 힘들었다. 연구소 내부는 협동 작업보다 연구원들의 프라이버시와 독립성을 보장하는 데 중점을 두었다. 연구원들은 대학교수처럼 각자 방이 있었고, 출근한 뒤에는 문을 닫고 자신의 연구에만 몰두할 수 있었다. 당시에는 기초연구를 지원하면 이것이 자동으로 기술개발로 이어진다는 생각이 지배적이어서, 연구소의 연구는 전반적으로 기초연구에 초점을 두었다. 미국의 저명한 대학교 교수가 될 만한 많은 젊은 박사들이 이런 기업에서 일자리를 얻어 연구에 몰두했다.

그런데 결과는 이상했다. 이렇게 좋은 환경을 만들고 오랜 시간이 지났는데도 새로 지은 연구소에서 괄목할 만한 성과가 나오지 않은 것이다. 일례로 머리 힐의 오래된 벨 연구소에서는 트랜지스터는 물론이고 태양 전지, 레이저, 통신용 인공위성, 디지털 통신 이론, 무선 전화, 광섬유, 유닉스 OS 시스템, C 컴퓨터 언어 등 혁신적인 기술을 개발했지만, 새로 지은 멋진 연구소에서는 이에 필적할 성과가 없었다. 제너럴모터스 공장에 붙어 있는 작은 연구소에서는 중요한 기술 혁신 성과가 있었지만, 공장에서 멀리 떨어져서 대학 캠퍼스 비슷하게 지은 연구소에서는 의미 있는 성과가 나오지 않은 것이다. 이 문제점을 인식한 기업은 연구소의 칸막이를 없애고 연구원들 사이의 소통과 협동 연구를 고무하는 쪽으로 서둘러 연구소를 개편했다.

머리 힐에 있는 벨 연구소의 첫인상은 심심하기 이를 데 없다. 이

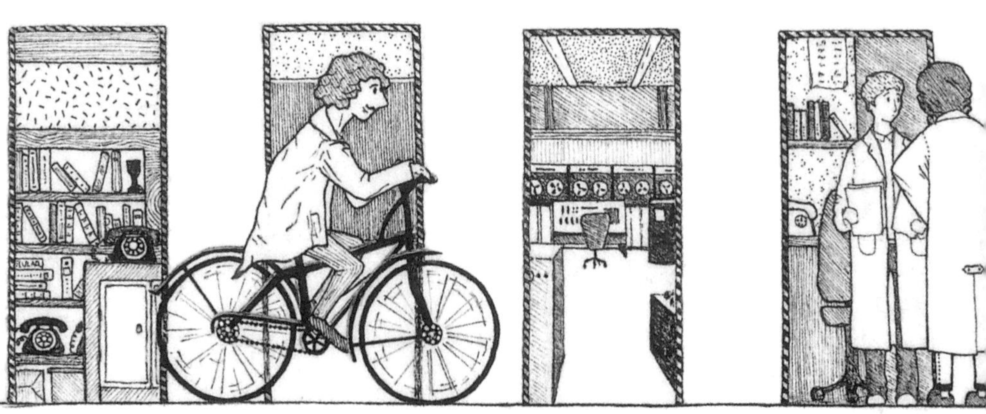

연구소의 본관에는 좁고 긴 복도가 있다. 이 복도는 길이가 700피트(213미터)에 달하는데, 복도를 중간에 두고 양옆으로 연구실과 실험실이 있다. 복도의 한쪽 끝에서 보면 다른 쪽 끝이 마치 원근법의 소실점으로 보일 정도다. 연구원들은 이 복도를 '무한한 복도infinite corridor'라고 부르면서, 길이가 1마일(1.6킬로미터)이나 된다는 우스갯소리를 한다. 복도 중간에는 도서관이 있는데, 한번은 공사 때문에 이 도서관을 복도 맨 끝으로 옮긴 적이 있었다. 그러자 다른 쪽 복도 끝에서 연구실을 쓰던 한 연구원은 도서관에 가는 데 시간이 걸린다며 자전거를 사달라고 연구소에 요구했다고 한다. 연구소장은 복도에서는 자전거를 탈 수 없다며 그 요청을 거절했지만 말이다.[3]

이 복도가 연구소의 창의성과 관련이 있는 것일까? 놀랍게도 그렇다. 연구소의 가장 중요한 방침 중 하나는 연구원들이 연구실에 있을 때 문을 열어놓고 연구를 해야 한다는 것이었다. 따라서 화장

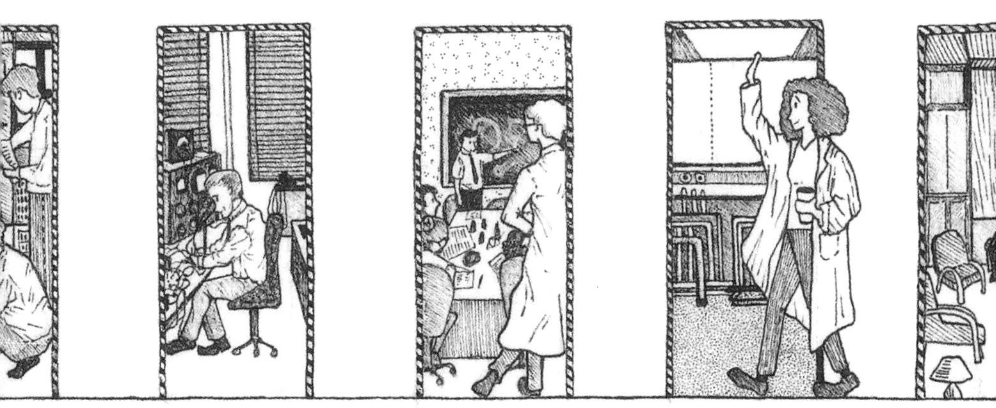

실을 갈 때나 짬이 나 복도를 돌아다닐 때, 연구원들은 다른 연구원들이 골똘히 생각하거나 실험하는 광경을 지나쳐야 했다. 그냥 지나칠 때도 있었지만, 다른 사람의 방에 불쑥 들어갈 때도 있었다. 벨 연구소의 여러 혁신을 목격한 수학자 리처드 해밍Richard Hamming은 사람들이 불쑥 찾아와 이야기 나누는 문화가 중요한 혁신으로 이어진 사례를 여럿 보고하고 있다. 윌리엄 팬William Pfann은 반도체 물질의 불순물을 통제하는 '존 멜팅zone melting' 방법을 고안해서 반도체 산업의 발전에 큰 역할을 했는데, 수학을 잘 모르는 그가 해밍의 방에 불쑥 들어와서 어렴풋한 아이디어를 놓고 토론을 하면서 이 방법을 발명할 수 있었다는 이야기를 전하고 있다. 이런 친밀한 상호작용은 벨 연구소에서 일어난 혁신 대부분을 관통했다.[4]

벨 연구소의 장점은 복도에만 있었던 것이 아니다. 벨 연구소의 모든 연구실은 정확하게 같은 규격으로 지어졌다. 개인 연구실은 결

코 크다고는 할 수 없었지만, 어느 하나도 더 크거나 작지 않았다. 이는 장기적으로 연구소에서 일하는 모든 사람이 다 동등하게 대접받는다는 인식을 심어주면서, 창의성을 중시하고 열린 혁신을 강조하는 연구소의 철학을 지탱해주는 역할을 했다. 또 벨 연구소는 연구원들이 일하는 층의 바로 밑에 공장을 두어서 연구에서 나온 아이디어를 바로 생산에 적용해보고, 여기서 나온 결과를 다시 연구에 반영하는 피드백 루프를 적극 활용했다. 최초의 통신 인공위성을 만들 때는 아예 연구팀이 공장 안에 실험실을 차리고 현장의 엔지니어나 작업자들과 소통하면서 연구를 했다. 이론과 실천, 머리와 손 사이의 친밀한 교류는 벨 연구소의 장점이었다.[5]

연구소 구조에 대한 이런 혁신적인 아이디어를 냈던 사람은 벨 연구소의 부소장을 지낸 머빈 켈리Mervin Kelly였다. 켈리는 노동자 집안 출신으로 시카고 대학교 물리학과를 졸업한 뒤에 벨 연구소에 입사

해서 부소장까지 오른 인물이다. 그는 창의적인 기술을 만들어내는 연구소의 핵심 요소는 연구자들이 면대면 대화를 하는 거라고 생각했다. 전화 통화가 아니라 반드시 얼굴을 마주 보고 대화를 해야 한다는 것이었다. 벨 연구소의 구조는 켈리의 이런 철학을 그대로 반영한 결과였다.

그는 기술의 미래에 대해서도 통찰력이 있었다. 2차 세계대전을 겪으면서 진공관을 사용하는 전자기기들이 급속히 느는 것을 보고, 덩치가 크고 전력 소모가 많은 진공관을 대체할 물질을 발명하는 게 무엇보다 중요하다고 생각했다. 켈리의 비전을 구현하기 위해서 벨 연구소 내에 쇼클리, 바딘, 브래튼 이렇게 세 물리학자로 반도체 연구팀이 구성되었고, 1948년에 트랜지스터를 만들어낼 수 있었다.

♦

멋진 연구소를 만들면 창의적인 연구가 가능할 것이라는 믿음은 과학 분야에서도 찾을 수 있다. 루브르 박물관 앞에 있는 유리 피라미드 구조물을 설계해서 명성을 얻은 미국 건축가 이오 밍 페이Ieoh Ming Pei는 1960년대에 콜로라도 보울더의 국립대기연구센터를 설계했다. 이곳의 첫 소장을 지낸 월터 로버츠Walter Roberts는 과학자란 성공에서만이 아니라 실수에서도 배워야 하기에 불확실성이 과학의 지침이 돼야 한다고 생각한 연구자였다. 그는 실험실이 과학의 이런 정신을 담는 공간이어야 하며, 열린 탐구를 허용하면서 우연contingency이 들어설 수 있는 여유가 있어야 한다고 생각했다. 이런 실험실은 관습적인 패턴에서 벗어나야 하며, 규칙적이지 않은 공간을 포함함으로써 연구원들에게 쉬면서 생각할 기회를 제공해야 하고, 작은 규모의 그룹 간 협동과 상호작용을 고무하는 공간이어야 했다. 다양한 연구자들이 형성하는 일종의 '마을village'이 로버츠가 생각한 이상적인 연구소였다.[6]

반면에 로버츠가 고용한 건축가 페이는 거대한 기념물 같은 건물을 선호했다. 그가 국립대기연구센터를 짓기 바로 직전에 지은 건물이 MIT 대기과학과 건물인데, 이 건물은 나지막한 MIT 건물들 사이에서 홀로 21층 높이로 우뚝 솟은 모양새를 하고 있었다. 하나의 높은 건물 안에서 모든 연구가 가능해야 한다고 생각했던 페이는 국립대기연구센터를 9층짜리 거대한 단일 건물로 설계했다. 페이는 이 한 건물 안에서 여러 그룹 사이에 교류와 상호작용이 일어날 수 있다고 생각한 것이다. 반면에 과학자들은 여러 그룹이 한 빌딩 안에 모여 있는 구조가 연구팀의 프라이버시를 침해할 수 있다고 우려했다. 여러 층의 건물에서는 연구자들 사이에 활발한 상호작용이 어렵다고 걱정한 사람들도 있었다. 과학자들은 서로 다른 그룹이 조금은 떨어져 있지만 활발하게 상호작용하는 공간 구조를 요구했고, 결국 페이는 9층짜리 단일 건물을 포기하고 이를 5층짜리 건물 세 개로 나눴다. 국립과학재단의 예산이 삭감되면서 페이가 지으려고 했던 원래 건물의 일부는 세우지 못하는 등 갈등과 타협을 통해 '메사 연구소Mesa Laboratory'라고 불리는 대기연구센터가 설립되었다.

이 건물을 짓는 과정을 통해 여러 가지 교훈을 얻을 수 있다. 유명한 과학자들은 과학 연구에 관한 자기만의 철학이 있다. 고집만 피우는 사람이 아니라 성찰할 줄 아는 과학자라면 그의 연구 철학에 깊이가 있을 가능성이 크다. 로버츠가 이런 경우라고 볼 수 있다. 그런 과학자가 높은 자리에 오르거나 충분한 돈을 벌었을 때, 자신의 철학을 구현하는 연구소를 짓고 싶어하고, 이를 위해 유명한 건축가를 고용한다. 그렇지만 이런 유명한 건축가도 역시 자신의 건축 스타일과 철학이 있으며, 모두 그렇지는 않겠지만 보통 고집도 세다. 더 나아가 이 건축가가 과학이나 연구에 관한 나름의 철학을 가지고 있을 수도 있다. 연구소는, 과학자와 건축가의 이상이 충돌하고 깎이면서, 또 기간과 예산 등의 제약을 받으면서 새로운 타협을 찾아가는 경우가 많다. 이 말은 완성된 건물에서는 건물을 의뢰한 과학자가 어떤 철학을 가지고 있었는지, 혹은 건축가가 어떤 건축 철학을 가지고 있었는지가 더는 중요치 않을 수도 있다는 것이다.

아마도 과학 연구소 중에서 가장 아름다운 건물은 미국 캘리포니아의 소크 연구소일 것이다. 소크 연구소는 소아마비 백신을 개발해서 명성과 부를 얻은 조너스 소크Jonas Salk와 20세기의 가장 위대한 건축가 가운데 한 명으로 꼽히는 루이스 칸Louis Kahn이 만나서 완성된 건물이다. 소크는 아인슈타인이 재직했던 프린스턴 고등연구소처럼 자신의 분야에서 큰 업적을 남긴 사람들이 와서 기존의 연구원들에게 새로운 통찰력을 제공하는 공간을 상상했다. 그는 샌디에이고 근처의 외진 절벽 부지에 외부로부터는 거의 단절되어 있지만,

소크 연구소

연구소 내부에서는 다양한 분야 사이에 소통과 토론이 원활한 연구소를 꿈꿨다.

반면에 칸은 중세 수도원과 비슷한 연구소를 구상했다. 두 개의 동으로 나뉜 연구소에는 각각 선임 연구원들의 연구실과 큰 실험실이 있었다. 연구실은 모두 볕이 잘 들면서 창문 밖으로 태평양이 보였고, 묵상을 강조하는 수도사의 방처럼 그 속에 각각 화장실을 두었다. 건물 전체는 노출된 콘크리트를 사용했고, 두 동 사이에는 콘크리트 광장을 두고 그 중앙에 인공 연못과 수로를 두어 물이 태평양 쪽으로 떨어지도록 만들었다. 이 콘크리트 광장은 칸이 심혈을 기울여서 만든 공간이다. 콘크리트 광장이 두 연구동을 분리할 수 있기에, 이를 보완하기 위해서 칸은 연구원들이 삼삼오오 모여서 토론할 수 있는 야외 테라스를 만들었다. 종합적으로 평가해보면, 이 연구소는 생물학 연구에 헌정된 신전이라고 할 수 있다.

5장에서 등장한 소크 연구소의 로제 기유맹은 TRF를 발견해서 노벨상을 받았다. 기유맹의 연구에 소크 연구소라는 멋진 건축물이 영감을 주었을까? 어떤 기준으로 봐도 그렇다고 이야기하기는 힘들다. 건물 밖에 나와서 차를 마시면서 담소를 나누는 사람들은 나이가 지긋한 방문 연구원들뿐이고, 연구 책임자나 젊은 연구원들은 자신들의 실험실에 틀어박혀서 전문분야의 연구를 수행하느라 정신이 없었다는 것이 소크 연구소를 방문한 사람들의 평이다. 특히 연구소 지원 기금이 줄어들면서 연구원들은 외부의 지원을 받기 위해 경쟁적으로 연구비 신청서를 써야 하는 등 다른 연구소와 다를 바 없는 연구 관련 활동을 해야 했다. 연구소 연구원들에게 칸의 멋진 건축물은 그저 일상적인, 그리고 오히려 조금 불편한 공간이 되어버린 것이다.

♦

위 사례들이 보여주는 결론은 명확하다. 중요한 건 건축가의 유명도가 아니라는 점이다. 컴퓨터가 처음 발전할 때 컴퓨터를 이용한 새로운 온라인 커뮤니티를 만들었던 미국의 작가 스튜어트 브랜드Stewart Brand는 《건물은 어떻게 배우는가How Buildings Learn》라는 책에서 건물의 운명을 '순탄한 길high road', '험준한 길low road', 그리고 '막다른 길no road'로 나눴다. '순탄한 길'은 사람들이 애정과 관심을 가지고 계속 바꾸고 손을 봐서 쓸모 있는 형태로 변형시킨 건물이다. 그리고 이도 저도 아닌 건물, 변하지도 않고 바꿀 가치도 없는 건물이 '막다른 길'이다. 특히 그가 주목한 것은 '험준한 길'이었다. 이 건물은 눈에 잘 띄지 않고, 스타일도 없고 초라해 보이지만, 그 속에서는 거의 무제한의 자유를 만끽할 수 있는 건물이다. 헛간, 다락, 공장, 창고, 차고 같은 공간이 이런 건물에 속하는데, 꼭 가난해서가 아니라 젊고 재기발랄한 영혼들이 창의성을 제대로 발현하고 싶어서 이런 건물을 선택한다는 것이다. 브랜드가 강조하려고 한 요점은 어떤 건물을 짓느냐가 아니라 이를 어떻게 사용하는가가 훨씬 더 중요하다는 것이다.[7]

이번 장의 첫머리에 나온 MIT의 '레이 앤드 마리아 스테이타 센터'는 MIT에 있던 20동Building 20을 헐고 세운 건물이다. MIT의 20동은 2차 세계대전 당시에 레이더를 개발했던 래드랩RadLab(Radiation Laboratory의 줄임말)이 있던 건물이었다. 전쟁이 끝나고 이 건물에는 전자공학 실험실, 핵물리 실험실이 들어왔으며, 나중에는 보스 스피커를 만든 음향학 실험실, 촘스키가 재직한 언어학과, 중력파 간섭계를 만든 LIGO 연구팀, 고속 카메라 연구팀, 짐 윌리엄스Jim Williams의 아날로그 회로 연구팀이 창의적이고 혁신적인 연구를 계속했다. 특히 윌리엄스의 아날로그 회로 연구는 내셔널세미컨덕터National Semiconductor와 리니어테크놀로지Linear Technology라는 기업의 창업으로 이어졌다.[8]

MIT의 20동 건물

놀라운 것은 20동 건물이 낡은 창고와 별반 다르지 않았다는 사실이다. 심지어 유리창이 깨져서 바람이 들어오는 곳도 있을 정도로 외양은 형편없었다. 그렇지만 이 건물은 혁신의 용광로가 들끓던 공간이었다. 촘스키는 이 건물에서 다른 학과 교수들과 대화를 하다가 자신의 새로운 이론을 만들었다면서, 이 낡은 건물이 이질적인 관심과 생각들의 만남과 충돌을 가능케 함으로써 MIT의 혁신을 이끌었다는 점을 강조한다.

프랭크 게리가 설계한 멋진 '레이 앤드 마리아 스테이타 센터' 건물이 창고와 다름없던 20동만큼 혁신적인 연구 결과를 만들어낼 수 있을까? 건물 그 자체가 아니라 그 속에서 어떻게 사람들이 만나고 교류하느냐가 중요하다는 것을 잊지 않는다면 가능할 것이다. 이런 교류는 의지와 철학을 가진 리더가 구성원들과 협력해서 소통이 쉽도록 건물을 이용해야 가능해진다. 실험실과 연구소 건물도 사람 하기 나름인 것이다.

15장

필드의 반격

과학자는 자연을 실험실로 가지고 들어온다. 실험실로 들어온 자연은 단순해지고 반복 조작이 가능한 대상으로 변한다. 실험실에서 자연은 과학자의 통제하에 놓인다.

비가 올 때 하늘에서 땅으로 내리꽂는 번개를 연구하기는 매우 어렵다. 언제 번개가 칠지 모르고, 또 번개가 칠 때도 어디로 가야 이를 가까이서 관찰할 수 있을지 알 수 없기 때문이다. 그렇지만 실험실에서 번개를 만들 수 있다면, 여러 변수를 바꾸면서 이를 연구할 수 있다. 19세기 말 물리학자들은 고전압을 이용해서 긴 스파크를 만들고 이를 번개의 축소판이라고 생각하면서 연구를 했다. 이렇게 실험실에서는 필드에서 할 수 없는 여러 가지 연구가 가능하다.

실험실은 연구가 생산되는 공장이다. 기기를 사용해서 측정하면 정량적인 데이터를 얻을 수 있다. 이렇게 얻은 데이터를 기존의 이론과 비교할 수도 있다. 기기나 실험동물이 표준화되면 연구 결과도 쉽게 비교할 수 있다. 연금술에서 시작된 실험실이 물리학, 공학, 의학은 물론, 필드워크field work가 핵심이었던 생물학, 지구과학, 농업과학, 수산학, 수의학, 사회과학의 분야로 퍼져나간 이유다.

♦

일반적으로 필드라고 하면 초원, 숲, 산, 사막, 동굴, 농장, 논밭, 시골, 교외, 넝쿨, 길, 강, 냇물, 대양, 대기, 극지방, 우주 등을 의미한다. 과학자가 필드를 실험실로 가지고 들어오는 과정은 자연이 축소된다는 것만을 의미하지 않는다. 분명히 필드에 존재하는 국소적local이고 복잡하고 고유한 여러 속성은 실험실에서 충분히 재현되지 못한다. 실험실로 초원을, 사막을, 대양을 전부 가지고 들어올 수 없기 때문이다. 그렇지만 실험실로 들어온 자연은 비교할 수 있고, 표준화되며, 계산 가능해지고, 이동도 할 수 있다. 자연은 물질적인 것에서 그래프, 표, 데이터, 수식을 포함한 텍스트로 변한다. 국소적이었던 필드가 보편적인 규칙으로 변하는 것이다. 이 과정에서 잃어버리는 것도 있지만 새롭게 얻는 것도 많다. 실험실에서 복잡한 자연을 간단한 데이터로 환원했다고 비판하는 것은 실험실이 작동하는 전 과정의 일부만을 본 평가이다.

필드와 실험실의 관계는 다중적이다. 우선 필드 자체가 일종의 실험실이 될 수 있다. 이런 사례들은 과학사에서 종종 발견된다. 18세기 말엽에 나폴리의 화학자들은 나폴리 왕립과학아카데미 내의 화학 실험실이 폐쇄되자 근교에 있던 베수비오 화산을 일종의 실험실처럼 사용했다. 당시 화학자들은 화산을 실험실에서 일어나는 물질의 융해, 혼합, 증류가 자연적으로 일어나는 곳으로 간주했다. 일례로 나폴리의 화학자 페라라Michele Ferrara는 실험실에서 얻어낸 결과와 화산에서 자연적으로 만들어진 결과가 같다는 전제하에 재를 함유한 비가 얼마나 해로운지를 연구했다. 주세페 바이로Giuseppe Vairo는 화산에서 나온 점토암에 황을 흡수시켜서 황산알루미늄을 얻어냈다. 화산은 당시 막 등장하던 라부아지에의 새로운 산소 이론을 테스트하는 곳이기도 했는데, 나폴리의 화학자 스코티Emanuele Scotti는 화산 폭발 이후에 생긴 큰 홍수의 원인이 화산 폭발 시 산소와 수소가 결합해서 수증기가 되고 이것이 식어서 물이 된 데 있다는 가설을 제시했다. 이렇게 실험실이 없었던 나폴리 화학자들에게 베수비오 화산은 훌륭한 대안 실험실이었다.[1]

필드를 연구하기 위해 필드에 맞춰 실험실을 만드는 경우도 자주 있다. 유럽의 경우 18세기에 남미, 동남아시아, 오스트레일리아, 하와이 등을 탐험하기 위한 항해가 잦았고, 이런 배에 과학자들이 동승하곤 했다. 그런데 이들이 탄 배는 지금의 크루즈처럼 널찍한 배가 아니었다. 당시 기록에는 "선실의 좁은 방에서 4명이 자고, 6명이 생활하고, 7명이 식사했다"라고 쓰여 있다. 고참 선원들은 과학자가 자신들이 써야 하는 테이블을 차지하는 것에 불만을 표시했고, 과학자를 "고양이나 시체와 비슷한 재수 없는 동반자"로 생각했다.

해저 지질 탐사로 명성을 얻은 영국의 챌린저호는 필드 연구를 나가기 전에 이런 문제부터 해결해야 했다. 선장은 대포를 치우고 그곳에 연구 공간을 만들어줌으로써 과학자가 선원의 공간을 공유해서 생기는 불만을 해소했다. 또 과학자와 고참 선원이 함께 식사하도록 해 이들이 대등한 위치라는 것을 모두에게 각인시켰다. 또 흔들리는 배 위에서 안정적으로 실험을 할 수 있는 여러 가지 맞춤 장치들을 개발했다. 인간과 사물을 새로운 환경에 맞게 길들이는 이러한 노력 덕분에 챌린저호는 육지의 박물관이나 생물학 실험실과 맞먹는 실험실로 탈바꿈할 수 있었던 것이다.[2]

필드 스테이션field station은 필드를 연구하기 위해서 현장에 지은 설비를 말한다. 국립공원, 자연보호지역 등에 생물학 필드 스테이션이나 생태연구소가 있고, 해안에는 해양연구소가 있다. 이런 연구소들은 필드 탐구의 거점이다. 이런 필드 스테이션에서 실험실과 필드를 결합하는 방식은 여러 가지다. 어떤 필드 스테이션은 필드에서 표본을 수집하는 기능만을 담당하고, 수집된 표본은 필드가 아닌 실험실에서 분석하는 방법을 쓴다. 이럴 때 경험 많은 연구자들은 실험실에서 거의 모든 시간을 보낸다. 다른 필드 스테이션에서는 유능한 연구자들을 오랜 시간 동안 필드로 내보내서 망가지지 않은 자연을 세심하게 관찰하도록 한다. 실제로 프랑스 위뫼르Wimereux에 있는 해양연구소에서는 이런 방법을 써서 실험실과 필드의 진정한 의미의 잡종hybrid 연구를 했다. 위뫼르 해양연구소는 다른 연구소에 비해서 시설 면에서 열악했지만, 다른 곳에서는 큰 관심을 두지 않

았던 동물행동학을 발전시켰다. 동물행동학은 오랜 기간에 걸쳐서 해양 생물의 서식지, 일생, 습성을 꼼꼼하게 관찰해야 얻을 수 있는 지식에 근거한 학문인데, 이 연구소의 과학자들이 바로 필드에서 오랜 시간을 보내면서 그런 지식을 얻었기 때문이다.[3]

어떤 필드는 실험실로 잘 들어오지만, 어떤 필드는 실험실로 잘 들어오지 않기 때문에 묘안을 짜내야 하는 경우도 자주 있다. 19세기 말, 영국 런던에서 10킬로미터 떨어진 뎁트포드Deptford에 런던에 전기를 공급하기 위한 거대한 발전소가 건설됐다. 저압 직류를 전송했던 영국의 여타 발전소와 달리 이 발전소는 10,000볼트의 고전압 교류를 지하 송전선을 통해 송전했다. 그런데 런던의 전압이 발전소의 전압보다 훨씬 높은 이상한 현상이 나타나면서, 고전압으로 송전된 전압을 낮추는 변전기를 설치한 런던 근처의 변전소에서 화재가 발생했다. 화재의 원인을 밝히려고 과학자들이 이 전력 시스템과 비슷한 모델을 만들어 실험실에서 실험했으나 원인을 찾아내는 데는 실패했다. 그렇다고 이미 건설이 끝난 전력선을 땅에서 다시 파내서 전압을 측정할 수도 없는 일이었다. 거대한 필드를 실험실로 가지고 들어올 방법이 마땅치 않았던 것이다.

발전소 건설을 담당했던 회사가 이 문제를 해결하기 위해서 고용한 과학자 겸 엔지니어 플레밍J. A. Fleming이 참신한 아이디어를 내놓았다. 그의 묘안은 발전소에서 런던까지 전력을 보내던 두 전선을 런던 쪽에서 잇고 이 중 하나로 전기를 송전함으로써, 발전소에서 런던으로 보낸 전류가 다시 발전소로 돌아오게 하는 것이었다. 이렇게 해서 발전소의 컨트롤 룸control room을 전력을 보내고 받는 방으로 바꾸었다. 플레밍은 이 컨트롤 룸에서 전력의 송신과 수신에 관여하는 여러 변수를 바꾸면서 실험을 할 수 있었고, 이에 근거해서 화재의 원인을 밝히면서 해결할 방법을 제시했다. 발전소의 컨트롤 룸이 멋진 실험실로 탈바꿈한 것이다.[4]

♦

필드와 실험실의 관계를 연구하는 학자들은 필드보다 실험실의 중요성을 강조하는 경향이 있다. 이런 사람들은 근대과학의 역사를 실험실의 테크닉과 방법론이 필드로 퍼져나간 역사로 본다. 이때 필드는 실험실에서 필요한 원재료를 얻는 장소로 해석된다. 이렇게 보면 필드는 실험실 이전 단계라는 의미를 지닌 일종의 '프리-랩pre-lab'인 셈이다. 물론 실험실에서 얻은 결과를 추후 적용해보는 데에도 필드가 사용된다. 이 경우는 필드가 일종의 '포스트-랩post-lab'이 된다. 그렇지만 두 경우 모두 필드의 역할은 실험실보다 부차적이다.

필드를 부차적인 것으로 보기 때문에 과학자들은 물론 과학사가들까지도 필드에서 나오는 중요한 결과를 간과하는 오류를 범하기도 한다. 영국의 유명한 탐험가 로버트 스콧Robert Scott은 남극의 지질과 생명체를 연구하는 과학 연구팀을 이끌고 1910년부터 1913년까지 '테라 노바Terra Nova 탐험'을 수행했다. 테라 노바는 85명으로 구성된 탐험단이 남극을 갈 때 탔던 배 이름으로, 테라 노바 탐험은 '세계에서 가장 지옥 같았던 여정The Worst Journey in the World'으로 불린다. 남극점을 정복한 스콧과 그의 대원들이 돌아오는 길에 고립되어 사망해 이 탐험은 과학적인 성과보다 스콧의 비극적인 죽음으로 널리 알려져 있다. 이 탐험에 참가한 앳킨슨Edward Atkinson 박사를 비롯한 대원 세 명은 남극의 혹독한 환경에서 작은 오두막을 짓고 숙박하면서 자신들을 대상으로 몇 주 동안 실험을 했다. 이들의 실험은 각각 단백질, 탄수화물, 지방 중 하나만을 몇 주 동안 집중적으로 먹고, 이후 망가진 자신의 컨디션이 원상 복구되도록 영양을 조절함으로써 어떤 영양이 몸에 최적인지를 찾아내는 것이었다. 세 대원은 단백질 대 탄수화물 대 지방의 비율이 3:4:1일 때 몸이 최적의 상태를 유지한다는 사실을 발견했다. 이 실험의 목적은 남극과 같은 오지를 탐험할 때 사용하는 휴대용 식량의 영양소를 어떻게 구성해야 하는가를 알아내기 위한 것이었다.[5]

남극의 오두막이라는 필드에서 수개월 동안 연구자 자신의 몸을 이용해서 수행한 이 영양학, 생리학 실험은 과학사에서 전례를 찾아보기 힘든 것이었다. 그렇지만 이 실험은 과학계에 거의 알려지지 않았고, 과학사가들도 주목하지 않았다. 연구 결과가 논문으로 발표되는 대신, 테라 노바 탐험에 관한 여행기에 들어 있었기 때문에 당시 과학계의 관심 대상이 되기 힘들었다. 또 이 연구가 테라 노바 탐험의 가장 중요한 목표도 아니었다. 테라 노바 탐험에서 사람들이 가장 기대했던 것은 남극에 사는 황제펭귄의 알이었다. 게다가 대장

스콧의 비극적인 죽음으로 세간의 관심은 그쪽에 쏠렸다.

1990년대 이후 일부 과학사학자들이 필드에 주목하기 시작했지만, 이들조차 남극 탐험 같은 원정을 과학 활동의 일부라고 생각하지 않았다. 과학사학자의 주된 관심은 필드가 아닌 실험실이었고, 필드에 주목한 과학사학자들도 탐험이 아닌 생물학자들의 조사 연구 등에 초점을 두었다. 앳킨슨 팀이 필드에서 수행한 실험은 이런 여러 이유로 사람들의 주목의 대상이 되지 못했던 것이다.

이 사례에서 보듯이, 필드가 단지 실험실을 보완하는 공간만은 아니다. 실험실에서는 할 수 없는 실험을 필드에서 진행하는 경우도 많다. 높은 산에 올라갈 때 사람은 산소 부족을 얼마나 견딜 수 있을까? 이를 알아내기 위해 과학자들은 실험실에 압력을 낮춘 음압챔버negative pressure chamber를 설치해서 실험했다. 실험의 결과는 고산지대에서 인간이 생존하기 위해서는 대기압 자체보다 산소의 분압이 더 중요하며, 에베레스트 같은 고산지대를 등정할 때는 반드시 산소통을 메고 가야 한다는 것이었다. 그런데 등산가들은 이런 결과를 받아들이지 않았다. 이들은 등산가의 컨디션이 날씨에 많이 좌우되며, 통제된 실험실에서 계산한 환경은 실제 고산과 다르다고 항변했다. 실험실의 결과를 비웃듯이 산악인 라인홀트 메스너Reinhold Messner는 에베레스트산을 비롯해서 8,000미터가 넘는 산들을 산소통 없이 정복했다. 이런 결과 이후에 고산 생리학자들은 실험실의 한계를 인정하고, 실험실과 필드를 연계하는 연구를 설계했다.[6]

영장류학에서도 비슷한 사례를 찾을 수 있다. 침팬지나 오랑우탄 같은 영장류를 연구하는 영장류학자들은 초기에는 실험실의 테크닉과 방법을 필드에 도입하려고 했다. 그런데 점차 필드 연구에는 실험실 연구와는 다른 테크닉과 방법이 필요하다는 사실을 깨달았다. 예를 들어, 필드 연구에서는 필드의 '역사'가 중요하다. 필드에서는 영장류가 인간이라는 존재에 서서히 익숙해져야 하며, 이런 필드의 '역사'를 만드는 데 시간과 노력이 필요하다. 효율적인 필드 연구를 위해서는 연구자와 현지인 사이의 협력도 중요하다. 특히 그 지역의 지리나 다른 조건을 잘 알고 있는 현지인은 훌륭한 조수가 될 수 있고, 연구자가 본국으로 돌아간 뒤에도 필드를 관리할 수 있다. 이 밖에 필드는 항상 교란의 대상이 될 수 있다는 것도 고려해야 한다. 아프리카의 영장류 서식지는 주민이나 관광객들이 자주 찾는 곳일 수 있는데, 연구자는 이런 교란을 최소화해야 하고 어떤 때는 거꾸로 이를 적절하게 이용할 줄도 알아야 한다. 필드의 이러한 속성들은 연구하는 과정에서 등장하기 때문에 미리 알기가 힘들고, 연구 방법이 잘 확립된 실험실의 테크닉과 방법을 사용해서는 적절하게 다룰 수 없는 것들이다.[7]

◆

실험실 연구는 연구자가 계획한 대로 진행되지 않는다. 연구자는 자신이 원하는 현상을 만들고 측정하기 위해 기기를 디자인해야 하는데, 이런 기기가 마음대로 만들어지지 않을 수 있다. 그리고 만들어진 기기가 엉뚱한 결과를 낳을 수도 있다. 이 엉뚱한 결과가 놀라운 발견으로 이어질 수도 있다. 그러니 실험실 연구건 필드 연구건, 연구라는 것은 미리 정해진 길을 가는 게 아니다. 비유를 하자면, 만들어진 등산로를 따라 등산을 하는 등산객이 아니라, 등산로를 만들면서 산에 올라가는 등반가의 여정과 흡사하다. 이런 점들을 고려하면 필드와 실험실 연구 중에 무엇이 더 우월하고 무엇이 더 효과적이냐를 놓고 싸우는 것처럼 무의미한 일도 없을 것이다.

사실 자세히 보면 많은 과학 분야에 필드와 실험실이 다 있다. 필드에서 주로 연구를 하는 과학자들도 실험실이나 박물관으로 샘플을 가지고 오며, 실험실에서 연구하는 과학자들도 종종 필드에 들른다. 사회과학 분야에서는 연구 대상이 실험실이자 필드인 경우도 잦다. 과학자들은 연구를 위해서 선박, 화산, 농장 같은 필드를 대안적인 실험실로 이용하기도 한다. 분야에 따라서는 거꾸로 실험실을 필드 비슷하게 만들기도 한다. 동물실험을 하는 과학자들은 실험실이라는 낯선 환경에서 동물들이 너무 긴장할까봐 실험실을 이들이 생활하던 필드와 흡사하게 꾸미곤 하는데, 이는 실험실을 필드화하는 사례라고 할 수 있다.

그렇지만 필드와 실험실의 차이를 이해하는 것도 중요하다. 필드 연구에서는 연구자들 이외의 사람들이 연구에 관여할 가능성이 크다. 연구자들이 아마추어 과학자들, 새나 별을 좋아하는 애호가들, 수집가들, 사냥꾼들 같은 '다른' 사람들과 밀접하게 상호작용하며 연구하는 경우가 왕왕 있다는 것이다. 또 필드 연구는 실험실 연구

I FLORA
II FLORA
IV FLORA

보다 육체적으로 힘든 경우가 많다. 등산이나 야영을 하고, 배를 타는 경우도 많다. 강인한 체력은 필드 연구자들이 갖춰야 할 기본 조건이다. 마지막으로, 필드 연구는 책상에 앉아서 수행하는 문제 풀이보다는 모험이나 탐험의 성격이 강하다. 그래서 필드의 과학자라면 흰 가운을 입은 실험가가 아니라 스카우트 복장을 한 탐험가의 이미지가 떠오르는 것이다.

최근에는 과학자들이 도시와 촌락의 여러 문제를 시민이나 주민과 함께 연구해서 해결하는 '시민과학'도 늘고 있다. 과학자와 시민들은 힘을 합쳐서 동네 하천의 범람을 미리 통지해주는 앱을 만들어 안전한 지역을 조성하고, 주민들이 공동으로 사용하는 태양광 에너지원을 설치해서 지역의 에너지 문제를 해결한다. 이런 연구를 위해서 여러 분야의 연구자들이 협동 연구를 진행할 뿐만 아니라, 지역 주민들도 연구에 참여시킨다. 살아 있는 실험실이라는 의미의 '리빙랩Living Lab'은 이런 일상의 문제를 해결하기 위한 실험실 공간이다. 리빙랩은 삶의 터전인 필드와 실험실의 하이브리드 공간을 만들어서 일상에서 부딪히는 문제를 해결하려는 새로운 시도다. 그 속에서 연구자는 시민이 되고, 시민은 연구자가 된다. 이렇게 실험실은 지금 이 순간에도 끊임없이 진화하고 있다.[8]

지은이의 말

며칠이 멀다 하고 독재정권을 반대하는 학내 시위가 계속되던 1980년대의 이야기다. 필자는 물리학과 학회지 〈피지카〉의 편집장을 맡고 있었는데, 학과장을 하시던 교수님이 이런 교내 활동도 위험하다고 생각하셨는지 '관리' 차원에서 필자를 한 실험실에 소속시켰다. 초전도체와 반도체의 물성을 연구하던 실험실이었다. 이 실험실은 당시 막 세팅되던 중이었고, 필자를 포함한 실험실 연구원들은 세운상가의 전자부품 가게를 들락거리면서 실험에 필요한 기기를 직접 만들곤 했다. 컴퓨터 제어 기술에 관한 외서를 읽고 세미나를 하면서 더듬더듬 만든 온도 조절 장치가 작동했을 때는 모두가 환호했다. 실험실의 세팅이 부분적으로 완결되고 본격적인 연구가 시작될 즈음에 필자는 과학사를 전공하기 위해서 그 실험실을 떠났다.

그 뒤로 실험실에서 실험을 할 기회는 다시 오지 않았다. 다만, 실험실과 실험에 대한 역사를 연구할 기회가 찾아왔다. 박사 논문을 쓰면서는 케임브리지 대학교에 설립된 캐번디시 연구소를 자세히 살펴볼 수 있었다. 처음에는 화학 분야에서 대학에 자리잡은 실험실이 어떻게 물리학 분야로 넘어왔고, 다시 어떤 과정을 거쳐서 전기공학 분야로 넘어갔는지를 분석했다. 실험실 하나가 대학에 새로 생기는 것이 얼마나 어려운 일인지도 이해하게 됐다. 그러면서 19세기 물리학과 전기공학 분야 실험실의 청사진 도면에도 관심이 생겨 유럽, 미국, 일본의 실험실 도면을 수십 개 모아 비교하기도 했다. 주로 물리학, 전기공학과 기술 분야에 국한되었지만, 실험실과 필드의 관계에 흥미를 느끼게 된 것도 이 시기였다.

박사학위를 받은 뒤에 필자의 연구 주제가 과학기술사에서 과학기술학으로 바뀌면서 실험실의 역사는 관심에서 밀려났다. 그러다가 실험실에 대한 호기심에 다시 불이 붙은 계기가 있었다. 한국으로 돌아오고 얼마 지나지 않아 너새니얼 칸이 감독한 〈나의 건축가: 아들의 여정My Architect: A Son's Journey〉(2003)이라는 다큐멘터리를 보았다. 이 다큐멘터리는 비극적으로 생을 마친 건축가 루이스 칸의 생전 발자취를 아들 너새니얼이 추적하는 내용인데, 그중에 아버지가 설계한 소크 연구소를 찾는 장면이 있었다. 이때 필자는 소크 연구소라는 건축물에 매료되었다. 연구소가 숨 막히게 아름다울 수 있다는 것을 처음 느꼈고, 그 감흥이 수년간 계속됐다. 그러고는 연구소 건물의 미학적 아름다움과 과학적 창의성의 관계에 대해 고민하기 시작했다. 2008~2009년에는 실험실의 창의성에 관한 관심을 발전시켜서 서울대학교 김빛내리 교수의 실험실을 연구했다. 이 연구 결과는 2010년에 논문으로 출판되었다.[1]

시간이 지나면서 다시 실험실이라는 주제는 관심에서 멀어졌다. 실험실에 대해서 이런저런 고민을 했다는 기억조차 희미해지던 2019년 1월, '과학 커뮤니케이션' 학부 수업을 수강했던 박한나 학생이 연구실 문을 두드리고 들어왔다. 박한나 학생은 수업을 무척 재미있게 들었다면서 필자에게 작은 엽서 비슷한 것을 한 장 건네주었다. 둘이 앉아 차를 마시면서 대화하는 모습을 그린 그림이었는데, 과학자처럼 보이는 인물의 모델이 필자라고 했다. 그런데 내 시선은 그림 속의 내가 아니라 나와 마주 앉아 차를 마시는 별난 존재에 꽂혔다. 사람도 아니고 동물도 아닌, 낯선 무엇이었다.

"얘는 뭐지?"

"균이에요."

"규니? 규니가 뭐야?"

"균, 세균이요. 선생님이 라투르와 파스퇴르 강의하시면서 말씀하신 비인간, 균이에요."

머리가 띵했다. 수업에서 인간-비인간의 네트워크에 관한 이야기를 많이 했지만, 이렇게 비인간을 그림으로 본 적이 없었기 때문이다. 내가 생각했던 것보다 훨씬 더 사랑스럽고, 말랑말랑해 보이고, 그렇지만 함부로 할 수 없어 보이는 균이, 비록 그림 속이지만 내 앞에 앉아서 차를 마시고 있었다.

"정말 귀엽다. 얘가 주인공으로 등장하는 만화를 그려봐도 참 재밌겠다."

"예. 흐흐."

얼마 뒤에 박한나 학생은 균이가 등장하는 그림 몇 개를 더 가지고 찾아와 내게 보여줬다. 그때 나는 균이라는 존재가 여러 실험실, 예를 들어 세균학, 유전학, 고체물리학, 나노화학, 전기공학 실험실을 순방하는 내용의 책이 있으면 좋겠다는 생각을 했다. 글과 그림이 어우러진 지난 18개월 동안의 공동 작업은 이렇게 시작되었다.

이 책은 홍성욱이 글을 쓰고 박한나가 그림을 그리면서 소통하는 방식으로 형식적인 역할 분담을 했다. 그렇지만 그림을 그리다가 책 내용에 대해서 논평을 하거나, 글을 쓰다가 적절할 것 같은 그림 아이디어를 얘기하는 식으로 공동 작업 도중에 우리는 서로의 영역에 자유롭게 간섭했다.

책을 쓰는 과정에서 여러 사람의 도움을 받았다. 생명과학부의 임영운 교수님, 이건수 교수님, 김빛내리 교수님은 본인의 실험실을 둘러볼 수 있게 해주었고, 실험하는 과정도 친절하게 설명해주었다. 특히 김빛내리 교수님은 책에 실린 그림의 모델이 되어주기도 했다. 관심 있는 독자는 한번 찾아보시라. 서울대학교 물리학과의 노태원 교수님도 실험실을 안내하면서 분자빔에피택시 기기가 어떻게 작동되는지 보여주었다. 이 자리를 빌려서 네 분 교수님과 실험실의 대학원생 연구원들께 깊이 감사드린다.

이 책에 실린 내용 일부는 2019년 봄에 홍성욱이 진행한 대학원 강의에 기초하고 있다. 서울대 과학사 및 과학철학 협동과정 대학원의 최석현, 구재령 학생은 이 수업에서 실험실에 관한 관심을 공유하면서 흥미로운 의견을 제시해 책을 쓰는 데 도움을 주었다. 원고를 다듬는 데에는 같은 과정의 김가환 학생의 도움이 컸다. 서울대 고고미술사학과 대학원의 이지혜 학생은 이번에도 원고를 읽고 좋은 논평을 해주었다. 모두에게 고마운 마음을 전한다.

끝으로 원래 계획보다 한참 늦어진 집필 과정을 묵묵히 인내하면서 기다려준 김영사의 이승환 편집자께도 감사드린다. 연구 과정의 처음부터 마지막 교정에 이르기까지 애정을 가지고 격려해준 가족이 없었다면 책은 미완인 채로 끝나버렸을 것이다. 항상 힘이 되어주는 처와 아이에게 감사한다.

그린이의 말

구글 이미지 검색창에 'laboratory'라고 쳐본 적이 있는가? 이번 작업을 하면서 수백 번은 친 것 같은데, 대부분 가장 먼저 노출되는 이미지는 투명한 플라스크를 다루고 있는 미남 미녀들을 찍은 푸른 계열의 스톡사진들이다. 또 '실험실 기구'로 검색하면 중학교 교과서에 나올 법한 실험실 도구 포스터들도 눈에 들어온다. '실험복'이라는 단어를 100번 이상 검색하다 보니 브랜드별 특가 실험복 광고도 보게 됐다. 작업이 끝난 지 한참이나 지난 지금까지도 계속 보고 있다. 이런 검색 결과 사진들에서 공통점을 발견하게 됐는데, 바로 '새하얗다'는 점이다. 흰 가운을 입은, 모델 같은 연구자들과 흠집 하나 없는 유리관과 플라스크. 많은 이가 머릿속에 떠올리는 실험실은 이렇게 깔끔하고 새하얀 공간이 아닐까?

과학자가 꿈이었던 어린 시절의 나에게도 실험실은 이런 완벽하고 깔끔한 공간이었다. 직접 가보지 못했기에 신비에 싸인 공간이기도 했다. 중학교에 입학할 즈음 크리스마스 선물로 아빠가 현미경을 구해주셨는데, 처음 받았을 때의 설렘이 아직도 생생하다. 그 뒤로 용돈이 조금이라도 모이면 지하철역 근처 의료기기 가게를 찾아가 현미경 관찰 슬라이드, 비커와 플라스크, 용도는 모르지만 아무튼 신기해 보이는 유리관들을 하나씩 사서 방 구석에 현미경과 함께 진열하고는 했다. 현미경을 모시던 그 책장만큼은 티끌 하나 없는 과학의 성지로 만들고 싶었다.

하지만 대학에 들어와 연구 실습을 하면서 내 상상 속 새하얀 실험실에 가장 중요한 한 가지가 빠졌다는 것을 깨달았다. 그것은 사람의 흔적이었다. 내가 본 실험실은 교과서에 실린 사진과는 달리 너무나 동적인 공간이었다. 옆방에서 데이터를 비교하러 오시는 교수님과 박사님들, 강의실과 실험실을 분주히 오가는 연구생들, 기말과제를 들고 수줍게 찾아오는 학부생들까지… 그야말로 사람 냄새 나는 공간이었다. 내 상상 속 실험실에 없던 것은 또 있었다. 바로 실험실의 소리였다. 옆에서 실험하는 선배가 피펫을 딸깍하는 소리, 복도에서 커피 마시며 통화하는 박사님의 목소리, 끊임없이 윙윙대며 돌아가는 인큐베이터 소리, 튜브 멸균을 준비하는 조교의 손에서 바스락대는 호일 소리….

이번 작업에서 나는 이런 소리가 나는 그림들을 그리고 싶었다.

홍성욱 교수님과 책을 내고자 기획하고, 실험실에 관한 교수님의 수업을 청강했다. 일요일에는 수업 전 읽어야 하는 자료를 왼쪽에,

붓과 물감을 오른쪽에 두고 스케치 작업을 했다. 수업 중에는 머릿속에 그림이 선명하게 떠오르는 문단이 있으면 교재 여백에 낙서를 하기도 했는데, 수업 시간에 아무 죄책감 없이 당당하게 낙서할 수 있다는 사실이 너무나 신났었다. 여러모로 바쁘기도 했지만 이 책을 기획하던 순간만큼은 너무나 행복했던 기억이 난다.

하지만 본격적으로 그림을 그리기 시작하니 난감한 순간들도 많았다. 그림의 배경이 대부분 유럽이나 미국이라 직접 가보지 못한 장소들을 그려야 한다는 부담이 작업을 시작할 때도 없었던 것은 아니었다. 그래도 인터넷만 믿고 크게 걱정하지 않았는데, 막상 작업에 착수해보니 그리 간단한 문제가 아니었다. 인터넷에서 자료를 찾아도 그 많은 자료 중에서 정확한 이미지를 골라내는 일은 쉽지 않았다. 뉴턴과 갈릴레오의 방에서 바라보는 창문 밖 풍경을 그리기 위해, 현재 박물관이 된 뉴턴의 집에 방문했던 관광객들의 리뷰 사진들을 조합하고, 갈릴레오가 살던 집 주변 거리를 구글 지도로 탐색해야 했다. 그리려는 컵과 촛대 하나하나가 그 시대에 맞는지 확인하기 위해 경매 사이트를 수없이 들락날락하기도 했다. 연금술사의 방을 최대한 정확하게 표현하고자 17세기 리바비우스의 책을 찾아보기도 하고, 맥스웰이 연구소에서 사용한 초기 기기들을 찾기 위해 그가 남긴 편지도 읽어보았다. 위대한 과학자 중에는 필체가 악필인 사람도 많다는 것을 이때 처음 알았다.

종이 한 장이라는 제한된 공간에 어떻게 해야 최대한 생생하고 사실적인 실험실의 역사를 담아낼 수 있을지, 더 나아가 '살아 있는 실험실' 공간에 중세시대 판화가 주는 신비로움과 옛날 그림책의 포근함을 더하고 싶어 평상시에 공부하던 생물학과는 너무나 다른 종류의 공부를 하며 고민에 고민을 거듭했다. 결국 0.15밀리미터짜리 펜으로 벨 연구소나 '인형의 집'과 같은 복잡한 그림들을 그리게 되었다. 14장에 있는 벨 연구소 복도의 17개의 방 가운데 12개는 잘 알려진 사진과 연구소의 온라인 기록보관소에서 발굴해온 사진들을 바탕으로 재구성했다. 라운지와 당시의 덩치 큰 컴퓨터, 텔스타 인공위성을 개발하는 기술자들의 모습을 엄지손가락만한 공간에 그려넣고 며칠 동안은 인공눈물을 달고 살았지만 마음만은 뿌듯했다. 9장의 '인형의 집'을 이루는 방들은 대부분 교수님과 방문했던 실험실과 내가 실습하던 실험실 등 학교 실험실들을 바탕으로 그렸다. 과학사 교과서에서 본 사진이나 본인의 실험실과 비슷한 풍경을 이 그림들에서 숨은 그림을 찾아내듯 발견하는 소소한 기쁨을 누리는 독자도 있었으면 하는 마음이다.

가장 즐겁게 작업한 그림은 15장에 있는 프랑스 위뫼르 지역의 필드와 실험실 삽화다. 위뫼르 해양연구소의 건물과 예쁜 물고기 몇 마리만 그렸어도 충분했을 테지만, 해양생물에 관심이 많은 나는 실제로 위뫼르 지역에 서식하는 해양생물들을 그리고 싶었다. 하지만 잘 정리된 위뫼르 지역의 생물 목록을 찾지는 못했다. 찾지 못하면 뭐든지 직접 만드는 게 습관이라 세계어류 도감과 프랑스 해양생물 보호 사이트와 프랑스 낚시꾼들의 블로그에 들어가 며칠 동안 구글 번역기를 돌려가며 위뫼르가 있는 라망슈La Manche 해협에 사는 문어와 물고기, 말미잘과 고래의 종들을 기록하고 두 평 남짓한 원룸의 벽과 가구에 이들의 이름과 사진을 붙여가며 정리했던 기억이 난다.

굳이 이렇게까지 할 필요가 있는지는 나를 지켜본 사람들뿐 아니라 나조차도 의문이었다. 아직도 잘 모르겠다. 하지만 그렇게 함으로써 위뫼르 해양생물 다양성에 구체적으로 다가가 대부분의 독자가 가보지 못했을 곳을 좀 더 가까이 불러오고, 상상이 아닌 실제 실험실의 모습을 조금이라도 담을 수 있었다고 믿는다.

홍성욱 교수님이 아니었으면 상상도 못 했을 작업이었다. 이 작업에 참여할 수 있는 기회를 주시고 지난 2년여 동안 지도해주신 교수님께 깊은 감사의 말씀을 드리고 싶다. 임영운 교수님과 김빛내리 교수님은 본인들의 실험실 경험을 이야기해주시고, 내 그림에 관심을 보이며 큰 용기와 격려를 주셨다. 또 끊임없이 도와준 친구들, 항상 내 편에 서서 내가 원하는 것은 무엇이든지 할 수 있게 해준 엄마와 아빠, 내 사랑하는 동생 빛나에게 "고맙습니다"라고 말하고 싶다.

주

1장

1 칼 제라시, 로알드 호프만, 이덕환 옮김, 《산소》 (자유아카데미, 2002).

2 Peter J. T. Morris, *The Matter Factory: A History of the Chemistry Laboratory*(Reaktion Books, 2015).

3 Owen Hannaway, "Laboratory Design and the Aim of Science: Andreas Libavius versus Tycho Brahe," *Isis* 77 (1986), 584-610. 이 글의 번역문은 다음에서 읽을 수 있다. http://asq.kr/qdJEBWYCvp43Y; Jole Shackelford, "Tycho Brahe, Laboratory Design, and the Aim of Science: Reading Plans in Context," *Isis* 84 (1993), 211-230.

4 리바비우스가 연금술을 비밀스럽고 탐욕적이라며 자신의 화학과 구별하려고 애썼다는 점을 고려하면 그의 연금술 비판도 조심해서 받아들일 부분이 있다. 실제로 튀코 브라헤의 연금술 실험실은 창문이 없는 어두운 방이 아니었다. '우라니보르크' 관측소의 우리식 반지하에 있었고, 물론 창문도 있었다.

5 브루스 T. 모런, 최애리 옮김, 《지식의 증류》(지호, 2006).

6 Tommy Westlund, *The Alchemical Room*(2009) at http://alkemiskaakademin.se/The%20Alchemical%20Room.pdf.

7 Pamela H. Smith, *The Business of Alchemy. Science and Culture in the Holy Roman Empire* (Princeton, NJ, 1994), pp. 205-208.

2장

1 프랜시스 베이컨, 진석용 옮김, 《신기관 (1620)》(한길사, 2016).

2 Francis Bacon, *The Masculine Birth of Time*(ed. B. Farrington. Liverpool University Press, 1968); Carolyn Merchant, "'The Violence of Impediments': Francis Bacon and the Origins of Experimentation," *Isis* 99 (2008), 731-760.

3 Julian Martin, *Francis Bacon: The State and the Reform of Natural Philosophy* (Cambridge University Press, 1992).

4 프랜시스 베이컨, 김종갑 옮김, 《새로운 아틀란티스 (1627)》(에코리브르, 2002).

5 Andrew Barnaby, "'Things themselves': Francis Bacon's Epistemological Reform and the Maintenance of the State," *Renaissance and Reformation* 21(1997), 57-80; John E. Leary, *Francis Bacon and the Politics of Science* (Ames: Iowa State University Press, 1994).

6 Merchant, "'The Violence of Impediments'," p. 756.

3장

1 Richard Westfall, "Newton and Alchemy", Edited by Brain Vickers, *Occult and Scientific Mentalities in the Renaissance*(Cambridge University Press, 1984), pp. 332-333; Betty Jo Teeter Dobbs, "Newton's Alchemy and his 'Active Principle' of Gravitation," in Paul B. Scheurer and Guy Debrock, eds. *Newton's Scientific and Philosophical Legacy*(Springer Science & Business Media, 1988), pp. 55-80; William R. Newman, "Newton's Early Optical Theory and Its Debt to Chymistry," in Danielle J. Acquart and Michel Hochmann, eds. *Lumière et vision dans les sciences et dans les arts. De l'Antiquité au XVIIe siècle*(Droz, 2010), pp. 283-307.

2 이 그림은 다음 웹사이트에서 볼 수 있다.
https://commons.wikimedia.org/wiki/File:Trinity_College_Cambridge_1690.jpg

3 P. E. Spargo, "Investigating the Site of Newton's Laboratory in Trinity College, Cambridge: History of Science," *South African Journal of Science* 101(2005), 315-321.

4 A. Koyré, *Galileo Studies*(Harvester Press, 1978); Thomas S. Kuhn, "Alexandre Koyré & the History of Science: On an Intellectual Revolution," *Encounter* 34/1(1970), 67–69.

5 갈릴레오는 평생 결혼하지 않았지만 베니스에서 만난 가정부 마리나 감바Marina Gamba와 파도바에서 동거했고, 딸 둘과 아들 하나를 얻었다. 두 딸은 모두 수녀가 됐고 아들은 어머니와 같이 살았는데, 그녀가 다른 남자와 정식 결혼을 하면서 갈릴레오에게 보냈다. 갈릴레오는 '마리아 첼레스테(하늘)'라는 수녀명을 택한 큰딸과 오랫동안 편지를 주고받았는데, 작가 데이바 소벨은 과학사가들이 무시했던 이 편지를 바탕으로 《갈릴레오의 딸》이라는 대중서를 출판했다. 과학사가들은 이 책을 비판했지만, 일반인들은 책에 등장하는 갈릴레오의 인간적인 면모에 매료됐고, 책은 세계적인 베스트셀러가 되었다.

6 Thomas B. Settle, "An Experiment in the History of Science," *Science* 133(1961), 19-23; Stillman Drake, *Essays on Galileo and the History and Philosophy of Science* 2 vols.(The University of Toronto Press, 1999).

7 뉴턴은 두 개의 구멍(slit)과 두 개의 프리즘을 사용한 실험을 "결정적 실험"이라고 불렀다. 이를 둘러싼 논쟁은 Simon Schaffer, "Glass Works: Newton's prisms and the Uses of Experiment," David Gooding, Trevor Pinch, and Simon Schaffer, eds. *The Uses of Experiment: Studies in the Natural Sciences*(Cambridge University Press, 1989), pp. 67-104에 잘 분석되어 있다.

4장

1 Claude Bernard, *An Introduction to the Study of Experimental Medicine* (Henry Schuman, 1949), p. 140.

2 Edmund Husserl, *The Crisis of European Sciences and Transcendental Phenomenology*(Northwestern University Press, 1970), pp. 125-126. 이에 대한 논의로는 Philipp Felsch, "Laboratory Life. How Physiologists Discovered their Everyday," at http://vlp.uni-regensburg.de/essays/data/art12를 참조.

3 일차적 성질은 눈에 보이지 않는 입자(원자)의 수, 모양, 운동, 배열 같은 수학적 속성이고, 이차적 성질은 이것을 느끼는 색, 맛, 냄새, 소리 같은 인간의 감

각이다. 일차적 성질과 이차적 성질의 구분은 갈릴레오부터 시작해서 데카르트, 로버트 보일을 거치면서 근대과학의 전통으로 확실하게 자리잡는다. 철학자 존 로크John Locke는 이를 수용해서 두 성질의 차이를 철학적 인식론의 가장 중요한 기둥으로 삼는다. 화이트헤드를 비롯한 많은 철학자는 이 구분이 근대에 들어 생겼고, 따라서 이를 극복하는 것이 근대를 극복하는 길이라고 생각하고 이 구분을 폐기하기 위해 노력했다.

4 앨프리드 화이트헤드, 오영환 옮김, 《과학과 근대세계》(서광사, 2008); Alexandre Koyré, *Newtonian Studies*(Harvard University Press, 1965).

5 이언 해킹, 이상원 옮김, 《표상하기와 개입하기》(한울아카데미, 2005).

5장

1 브뤼노 라투르, 스티브 울거, 이상원 옮김, 《실험실 생활》(한울아카데미, 2019) [Bruno Latour & Steve Woolgar, *Laboratory Life: The Construction of Scientific Facts*, 2nd ed.(Princeton University Press, 1986)].

2 라투르가 자비로만 연구한 것은 아니다. 그는 1975~1976년에 풀브라이트 펠로십과 1976~1977년에 나토 펠로십, 그리고 소크 연구소의 특별 연구비 지원을 받았다.

3 이에 대해서는 2018년에 번역 출간된 브뤼노 라투르의 책 《판도라의 희망》을 참조하라.

4 브뤼노 라투르, 황희숙 옮김, 《젊은 과학의 전선: 테크노사이언스와 행위자-연결망의 구축》(아카넷, 2016) [Bruno Latour, *Science in Action: How to Follow Scientists and Engineers through Society*(Harvard university press, 1987)].

6장

1 Bruno Latour, *The Pasteurization of France*(Harvard University Press, 1993); Bruno Latour, "Give Me a Laboratory and I Will Raise the World," in K. Knorr-Cetina and M. Mulkay eds., *Science Observed*(Sage, 1983), pp. 141-170.

2 Simon Schaffer, "Late Victorian Metrology and Its Instrumentation: A Manufactory of Ohms," in Robert Bud and Susan E. Cozzens eds.,

Invisible Connections: Instruments, Institutions, and Science(Bellingham: SPIE Optical Engineering Press, 1992), pp. 23-56; Latour, *Science in Action*, pp. 215-257.

3 미셸 칼롱, "제3장 번역의 사회학의 몇가지 요소들 : 가리비와 생브리외 만의 어부들 길들이기," 홍성욱 편역,《인간, 사물, 동맹》(이음, 2018), 59-94쪽; 브뤼노 라투르, 장하원, 홍성욱 옮김,《판도라의 희망》(휴머니스트, 2017).

4 Gerald L. Geison, *The Private Science of Louis Pasteur*(Princeton University Press, 1995).

5 Marianne de Laet and Annemarie Mol, "The Zimbabwe Bush Pump: Mechanics of a Fluid Technology," *Social Studies of Science* 30(2000), 225-263.

7장

1 이 장에서 다루는 보일의 실험에 대해서는 Steven Shapin, "Pump and Circumstance: Robert Boyle's Literary Technology," *Social Studies of Science* 14(1984), 481-520; Steven Shapin & Simon Schaffer, *Leviathan and the Air-Pump: Hobbes, Boyle, and the Experimental Life*(Princeton University Press, 1985)를 참고할 것.

8장

1 William Eamon, "From the Secrets of Nature to the Public Knowledge," in David Lindberg and Robert Westman, eds., *Reappraisals of the Scientific Revolution*(Cambridge University Press, 1990), pp. 1-26.

2 Steven Shapin, "The Invisible Technician," *American Scientist* 77(1989), 554-563.

3 Elizabeth Potter, *Gender and Boyle's Law of Gases*(Indiana University Press, 2001). 도나 해러웨이는 포터의 미출판 원고에 입각해서 보일의 과학에서 여성 '목격자'가 배제되었음을 강조했다. Donna Haraway, *Modest_Witness@Second_Millennium. FemaleMan©Meets_OncoMouse™* (New York: Routledge, 1997), pp. 26-32. Steven Shapin, *A Social History of*

Truth: Civility and Science in Seventeenth-Century England(The University of Chicago Press, 1994), pp. 88-91, pp. 369-372도 과학에서 래닐러 부인이 배제된 과정에 대해서 간략히 기술하고 있다.

4 래닐러 부인에 대해서는 Michelle Marie DiMeo, *"Katherine Jones, Lady Ranelagh(1615-91): Science and Medicine in a Seventeenth-century Englishwoman's Writing,"* PhD Dissertation, University of Warwick, 2009; Lynette Hunter, "Sisters of the Royal Society: The Circle of Katherine Jones, Lady Ranelagh," in Lynette Hunter and Sarah Hutton, eds., *Women, Science, and Medicine, 1500-1700: Mothers and Sisters of the Royal Society* (Sutton, 1997), pp. 178 - 191을 참고.

5 변칙적인 부유 현상과 이를 둘러싼 논란에 대해서는 Steven Shapin, "The House of Experiment in Seventeenth-Century England," *Isis* 79(1988), 373-404를 참고했다.

6 훅은 과학자답게 자신이 사는 집의 지붕에 천체를 관측할 수 있는 관측대를 만들고, 천장에 구멍을 내서 집 안에서 지붕으로 바로 나갈 수 있게 집을 개조했다. 그는 이 관측대에 망원경을 설치하고 하늘을 관찰했는데, 이를 통해 최초의 이중성double star을 발견했다.

9장

1 Francis Galton, *English Men of Science: Their Nature and Nurture* (Macmillan & Co., 1874).

2 Trevor H. Levere, *Transforming Matter: A History of Chemistry from Alchemy to the Buckyball*(The Johns Hopkins University Press, 2001), pp. 51-65.

3 Marco Beretta, "Between the Workshop and the Laboratory: Lavoisier's Network of Instrument Makers," *Osiris* 29.1(2014), 197-214.

4 Anthony R. Michaelis, "Justus von Liebig, FRS: Creator of the World's First Scientific Research Laboratory," *Interdisciplinary Science Reviews* 28 (2003), 280-286.

5 Ruben Verwaal and Marieke Hendriksen, "The 'Gentle Heat' of Boerhaave's Little Furnace,"(2018) at https://recipes.hypotheses.org/11386.

6 Morris Berman, *Social change and Scientific Organization: The Royal Institution, 1799-1844*(Cornell University Press, 1978).

7 Eva V. Armstrong, "Jane Marcet and her 'Conversations on Chemistry'," *Journal of Chemical Education* 15(1938), 53-57.

8 Brain Gee, "Amusement Chests and Portable Laboratories: Practical Alternatives to the Regular Laboratory," Frank A. J. L. James, eds, *The Development of the Laboratory*(American Institute of Physics, 1989), pp. 37-60.

10장

1 실험복의 역사는 아직 충분히 연구되지 못했다. 이에 대한 정보는 Philip Ball, "A Coat of Many Colors"(2015), at https://www.chemistryworld.com/opinion/a-coat-of-many-colours/8661.article; Eva Amsen, "A History of Lab Coats,"(2018) at https://easternblot.net/2018/12/03/a-history-of-lab-coats/; "White Coat" at https://en.wikipedia.org/wiki/White_coat 등을 참조.

2 Isabel Ruiz-Mallén, Sandrine Gallois, and María Heras, "From White Lab Coats and Crazy Hair to Actual Scientists: Exploring the Impact of Researcher Interaction and Performing Arts on Students' Perceptions and Motivation for Science," *Science Communication* 40(2018), 749-777.

3 최근 조사에서도 실험복은 학생들이 그린 과학자의 이미지에서 가장 흔하게 드러나는 특성임이 밝혀졌다. Paweł Bernard and Karol Dudek-Różycki, "Revisiting Students' Perceptions of Research Scientists: Outcomes of an Indirect Draw-a-Scientist Test(InDAST)," *Journal of Baltic Science Education* 16 (2017), 562-575 참조.

4 홍성욱, 장하원, "실험실과 창의성: 책임자와 실험실 문화의 역할을 중심으로," 〈과학기술학연구〉 10 (2010): 27-71.

11장

1 동물실험의 역사에 대한 간단한 서술로 Nuno Henrique Franco, "Animal Experiments in Biomedical Research: A Historical Perspective," *Animals* 3 (2013), 238-273이 유용하다.

2 프랑수아 자콥, 이정희 옮김, 《파리, 생쥐, 그리고 인간》 (궁리출판, 1999); 김우재, 《선택된 자연》 (김영사, 2020).

3 Bonnie Tocher Clause, "The Wistar Rat as a Right Choice: Establishing Mammalian Standards and the Ideal of a Standardized Mammal," *Journal of the History of Biology* 26 (1993), 329-349; Karen Rader, *Making Mice: Standardizing Animals for American Biomedical Research, 1900–1955* (Princeton: Princeton University Press, 2004); 이두갑, "넉-아웃(Knock-Out) 생쥐, 도구적 패러다임의 창출" (mimeo 2015).

4 토머스 헌트 모건에 대해서는 Robert E. Kohler, *Lords of the Fly: Drosophila Genetics and the Experimental Life* (University of Chicago Press, 1994)가 완벽에 가까운 분석을 제공해 준다. 마틴 브룩스, 이충호 옮김, 《20세기 유전학의 역사를 바꾼 초파리》 (이마고, 2002); 김우재, 《플라이 룸》 (김영사, 2018)도 참조.

5 Doris T. Zallen, "The 'Light' Organism for the Job: Green Algae and Photosynthesis Research," *Journal of the History of Biology* 26 (1993), 269-279; Nickelsen, Kärin. "The Organism Strikes Back: Chlorella Algae and Their Impact on Photosynthesis research, 1920s–1960s." *History and Philosophy of the Life Sciences* 39 (2017), 1-22.

6 Rachel A. Ankeny, "The Natural History of *Caenorhabditis Elegans* Research," *Nature Reviews*(Genetics) 2(2001), 474-479. 브레너 자신의 회고는 S. Brenner, "In the Beginning Was the Worm," *Genetics* 182(2009), 413–415을 참조.

7 Kohler, *Lords of the Fly*.

8 헤리티에와 테시에의 연구는 R. M. Burian, "How the Choice of Experimental Organism Matters: Epistemological Reflections on an Aspect of Biological Practice," *Journal of the History of Biology* 26(1993), pp. 351-367에 잘 기술되어 있다.

9 Ray Greek, Niall Shanks, Mark J. Rice, "The History and Implications of

Testing Thalidomide on Animals," *The Journal of Philosophy, Science & Law* 11(2011), 1-32.

12장

1 Jed Z. Buchwald, *The Creation of Scientific Effects: Heinrich Hertz and Electric Waves*(Chicago University Press, 1994).
2 Sungook Hong, *Wireless: From Marconi's Black-box to the Audion*(MIT Press, 2001).
3 월터 아이작슨, 정영목 옮김,《이노베이터》(오픈하우스, 2015).
4 David A. Laws, "A Company of Legend: The Legacy of Fairchild Semiconductor," *IEEE Annals of the History of Computing* 32 (2010), 60-74.

13장

1 Dong-Won Kim, *Leadership and Creativity: A History of the Cavendish Laboratory, 1871–1919* (Springer Science & Business Media, 2002).
2 홍성욱, "과학과 건축,"《인간의 얼굴을 한 과학》(서울대학교출판부, 2008), 69-96쪽.
3 Sophie Forgan, "The Architecture of Science and the Idea of a University," *Studies in History and Philosophy of Science* 20 (1989), 405-434.; Sophie Forgan, "The Architecture of Display: Museums, Universities and Objects in Nineteenth-Century Britain," *History of Science* 32(1994), 139-162.
4 Claude Bernard, *An Introduction to the Study of Experimental Medicine* (Henry Schuman, 1949), p. 146. Atia Sattar, "The Aesthetics of Laboratory Inscription: Claude Bernard's *Cahier Rouge*," *Isis* 104(2013), 63-85도 참조.
5 Gerald Geison, *Michael Foster and the Cambridge School of Physiology* (Princeton, New Jersey: Princeton University Press, 1978).
6 Sophie Forgan and Graeme Gooday, "Constructing South Kensington: The Buildings and Politics of T. H. Huxley's Working Environments,"

The British Journal for the History of Science 29(1996), 435-468; Lynn K. Nyhart, "Natural History and the 'New' Biology," in Nicholas Jardine, James A. Secord and Emma C. Spary, eds., *Cultures of Natural History* (Cambridge: Cambridge University Press, 1996), 426 – 443.

7 홍성욱, "과학과 도제徒弟 사이에서: 19세기 영국의 공학교육 – 전기공학에서의 실험실 교육을 중심으로," 〈한국과학사학회지〉 27권 1호 (2005), 1-32쪽.

14장

1 이 건물이 완공된 뒤에 MIT는 새 건물이 이음새가 잘 맞지 않고 비가 샌다는 이유로 게리를 고소했다. 게리는 건물의 문제는 자신의 책임이 아니라 시공사의 책임이라고 시공사를 고소했다. 소송은 삼자 합의로 마무리됐지만 합의 조건은 알려지지 않았다

2 Scott G. Knowles and Stuart W. Leslie "'Industrial Versailles': Eero Saarinen's Corporate Campuses for GM, IBM, and AT&T," *Isis* 92 (2001), 1-33.

3 존 거트너, 정향 옮김, 《벨 연구소 이야기》 (살림 Biz, 2012).

4 Richard Hamming, "You and Your Research," http://www.cs.virginia.edu/~robins/YouAndYourResearch.pdf

5 William J. Rankin, "The Epistemology of the Suburbs: Knowledge, Production, and Corporate Laboratory Design," *Critical Inquiry* 36 (2010), 771-806.

6 Stuart W. Leslie, "'A Different Kind of Beauty': Scientific and Architectural Style in I. M. Pei's Mesa Laboratory and Louis Kahn's Salk Institute," *Historical Studies in the Natural Sciences* 38(2008), 173-221.

7 Stewart Brand, *How Buildings Learn: What Happens After They're Built* (Penguin Books, 1995).

8 "MIT's Building 20: The Magical Incubator" (video) at https://infinitehistory.mit.edu/video/mits-building-20-magical-incubator

15장

1 Corinna Guerra, "If You Don't Have a Good Laboratory, Find a Good Volcano: Mount Vesuvius as a Natural Chemical Laboratory in Eighteenth-Century Italy," *Ambix* 62 (2015), 245-265.

2 Antony Adler, "The Ship as Laboratory: Making Space for Field Science at Sea," *Journal of the History of Biology* 47 (2014), 333-362.

3 Raf de Bont, "Between the Laboratory and the Deep Blue Sea: Space Issues in the Marine Stations of Naples and Wimereux," *Social Studies of Science* 39 (2009), 199-227.

4 Sungook Hong, "Forging scientific electrical engineering: John Ambrose Fleming and the Ferranti effect," *Isis* 86 (1995), 30-51.

5 Venessa Heggie, "Why Isn't Exploration a Science?" *Isis* 105 (2014), 318-334.

6 Vanessa Heggie, "Higher and Colder: The Success and Failure of Boundaries in High Altitude and Antarctic Research Stations," *Social Studies of Science* 46 (2016), 809-832; S. Le Gars and David Aubin, "The Elusive Placelessness of the Mont-Blanc Observatory (1893–1909): The Social Underpinnings of High-Altitude Observation," *Science in Context* 22 (2009), 509-531.

7 Amanda Rees, "A Place that Answers Questions: Primatological Field Sites and the Making of Authoritative Observations," *Studies in History and Philosophy of Biological and Biomedical Sciences* 37 (2006), 311-333.

8 성지은, 송위진, 박인용, "사용자 주도형 혁신모델로서 리빙랩 사례 분석과 적용 가능성 탐색," 〈기술혁신학회지〉 17.2 (2014), 309-333.

지은이의 말

1 홍성욱, 장하원, "실험실과 창의성: 책임자와 실험실 문화의 역할을 중심으로," 〈과학기술학연구〉 10 (2010): 27-71.

찾아보기

ㅅ

ㅇ

ㅈ

ㅊ

ㅋ

ㅌ

ㅍ

ㅎ